河冰演变过程中关键物理参数的监测与研究

崔丽琴 著

东北大学出版社
·沈 阳·

图书在版编目（CIP）数据

河冰演变过程中关键物理参数的监测与研究 / 崔丽琴著. —沈阳：东北大学出版社，2021.1
ISBN 978-7-5517-2523-1

Ⅰ. ①河…　Ⅱ. ①崔…　Ⅲ. ①河流—冰情—研究—中国 Ⅳ. ①P332.8

中国版本图书馆 CIP 数据核字（2020）第194091号

出 版 者：东北大学出版社
地址：沈阳市和平区文化路三号巷 11 号
邮编：110819
电话：024-83687331（市场部）　83680267（社务部）
传真：024-83680180（市场部）　83687332（社务部）
网址：http：//www.neupress.com
E-mail：neuph@neupress.com
印 刷 者：辽宁一诺广告印务有限公司
发 行 者：东北大学出版社
幅面尺寸：170 mm × 240 mm
印　　张：8.75
字　　数：152 千字
出版时间：2021 年 1 月第 1 版
印刷时间：2021 年 1 月第 1 次印刷
策划编辑：张　惠
责任编辑：项　阳
责任校对：湘　蓉
封面设计：潘正一
责任出版：唐敏志

ISBN 978-7-5517-2523-1　　定　价：48.00 元

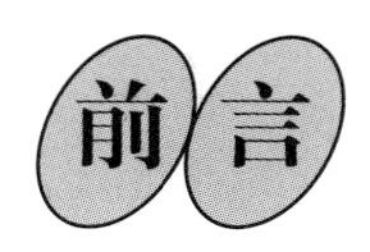

前言

河冰的产生与消融过程存在于我国高海拔的西南、西北和淮河以北区域以及许多高纬度的国家与地区。作为全球气候系统的重要组成部分，因其对气候变化的敏感性，河冰一直被视为物候学的重要指标之一。河冰的演变过程以及在此过程中伴随的关键物理参数的变化是我们研究气候变化、冰塞及冰坝形成机理、冰情预报及冰凌灾害最直接的科学依据之一，因此河冰演变过程中关键物理参数监测技术的研究及原始数据的积累对于河冰问题的研究具有非常重要的意义。

本书基于自行设计研制的冰情关键物理参数自动监测设备，对2011—2014年冬季封冻至春季消融期间我国黄河流域及黑龙江流域的部分典型水文站获取的大量冰情数据进行了分析研究。研究内容及研究结果可分为7章，各章内容概括如下：

第1章介绍了本书的研究背景、意义及研究思路。综述了冰演变过程中冰层厚度、温度剖面、积雪深度、静冰压力等关键物理参数检测技术的国内外研究进展。

第2章介绍了冰与雪的基本物理特性，包括冰的类型、冰的演变过程及该过程中伴随的各种冰情现象及冰的力学特性，阐述了极低温环境下冰的导电特性在水结冰及冰融化过程中随温度变化的规律。在已有冰导电特性理论基础上，对−55 °C至室温极低温环境范围内冰的导电特性进行了进一步研究。试验结果表明，在特定的测试条件下，基于空气、冰与水的电阻特性差异，可实现在极端低温环境下冰层厚度及冰界面的检测。

第3章阐述了冰层厚度的检测原理，冰水情检测传感器的结构、工作原理及智能冰情检测仪的软、硬件设计；概述了R-T冰水情监测系统在黄河宁蒙河段三湖河口水文站、头道拐水文站、万家寨水库及黑龙江漠河水位站几个冰情观测点的布放情况，并对以上几个观测点获取的冰水情进行了分析研究。试验结果反映出河冰生化过程中冰层厚度及冰界面的变化规律，验证了设备的可靠性。

第4章介绍了高精度棒式温度链的结构设计、程序设计及校正试验。对温度链监测系统在三湖河口水文站、头道拐水文站、黑龙江漠河水位站获取的数据进行了分析，提出了利用温度廓线在有雪和无雪两种情况下判断冰层厚度的算法。另外，利用高精度棒式温度链对2013年4—5月南极科考中山站冰情观测点获得的温度廓线进行了分析研究。此外，考虑到原有高精度棒式温度链热传导系数大、携带安装不便等问题，还研制了一种全新结构的高分辨率柔性温度链，该温度链具有热传导系数小、重量轻、弯折性好、携带方便、易于安装等优点。

第5章介绍了光电式积雪深度传感器的检测原理、结构设计，并对利用积雪深度传感器在黑龙江漠河水位站获得的数据进行了分析。通过与人工实测数据进行对比分析，验证了光电式积雪深度传感器在野外环境下实现积雪深度自动监测的可靠性。

第6章介绍了静冰压力膜盒式光纤传感器的检测原理、结构设计及电路设计，重点介绍了改进的Y-I型光纤束的强度调制特性、基于万能压力试验机的力学标定试验、传感器温度补偿试验，并对实验室冰生长消融过程中静冰压力随温度变化的趋势进行了分析。

第7章对本书内容进行了总结。著者通过对河冰演变过程中冰层厚度、温度剖面、积雪深度及静冰压力等关键物理参数进行深入研究，研制了适用于极寒区环境的新型冰水情自动监测系统，完成了现场试验，并对所获得的数据进行了深入分析。

本书在撰写过程中力求体系完整、层次清晰，理论原理和实验技术相结合，希望为相关领域的工程技术人员和科研工作者提供参考和帮助。

本书参考了大量文献，在此对这些文献的作者表示衷心的感谢！由于著者水平有限，本书中难免有不足和疏漏之处，敬请广大读者提出意见和建议。

著　者

2019年5月于太原理工大学

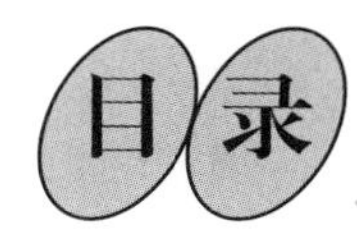
目录

第1章 绪 论

1.1 本书研究背景及意义

冰的科学广义上称为冰川学，研究对象包括大气冰、海冰、河冰、湖冰、极地冰盖、陆地冰川和地下冰[1] 1。目前，冰工程已发展成一门独立的学科，它既是一门涉及材料、结构、气象、水文、遥感等多学科的综合学科，又是寒区工程建设中的一门基础学科[2-3]。

冰冻是世界上寒冷地区普遍存在的自然现象，冰的演变过程存在于我国高海拔的西北、西南和淮河以北区域，以及包括南极、北极在内的许多高纬度国家与地区。如北美82%的地区，其中几乎加拿大全部和美国52%的地区，俄罗斯绝大部分区域，北欧的挪威、瑞典、芬兰，亚洲的中国、日本等国家都存在河冰问题[4]。冰的演变过程以及在此过程中相伴随的关键物理参数的变化，包括冰层厚度、垂直温度剖面、积雪深度及冰层内部静冰压力强度等，是我们研究气候变化、人类活动对水循环影响的最直观的科学依据。

2014年联合国政府间气候变化专门委员会发布的评估报告显示：全球陆地和海洋表面温度在1880—2012年平均升高了0.85 ℃，1850—1900年和2003—2012年平均温度的总上升幅度为0.78 °C。在有足够完整的资料以计算区域趋势的最长时期内（1901—2012年），全球几乎所有地区都经历了地表增暖[5]。该委员会发布的1995，2001，2007，2014年评估报告均指出了气候变化对河流冰情的影响，因此研究河流冰情变化趋势对于预测局部或全球气候变化具有重要的意义[6-8]。Magnuson等分析了俄罗斯、芬兰、日本和美国等国家的39个河冰和湖冰的历史资料，结果表明：从1846年到1995年，封冻时间平均每100年延迟5.8天，开冰时间平均每100年提前6.5天，相对应的气温平均每100年升高1.2 ℃[9]。Smith等对俄罗斯北极和亚北极地区的9条河流进行了长时间的冰情观测，研究结果表明：其中的5条河流开河期提前了1 ~ 3周[10]。De Rham等对1913—2002年加拿大麦肯锡河春季开河的情况进行了分析，发现该流域的开河周期由历史上的约3个月缩短为约8周的时间，验证了曼宁-坎德尔检验揭示出的开河时间每10年提前1天的理论[11]。卫星数据显示，从20世纪60年代到90年代，北半球积雪覆盖范围平均每10年减少10%[12]。

1.1.1 河冰问题研究

冬季在负气温的影响下，我国北纬30°以北的河流都会发生冰冻现象，如黑龙江上游河段、松花江依兰以下河段、嫩江上游河段、黄河宁蒙河段及山东河段等[13]。各个河流段由于所处地理位置及河道形态差异，冰情的产生、发展、变化过程大不相同，人类活动、水库修建、护堤及堤防工程、引水工程建设往往不同程度地改变了天然冰情变化的自然规律。河流冰情的发展演变主要包括结冰期、封冻期和解冻期三个不同的阶段[14]。每年11—12月，由于气温降低，从水体表面散失的热量将会超过其获得的热量，水温降低到冰点，水体失热过冷结成冰花，冰花随着水流向下游流动。随着气温逐渐降低，流冰密度逐渐增大，当冰花密度增加至40%以上时，遇到如弯道、浅滩、建筑物等特殊地形，就会受阻堆积；堆积到一定程度时，遇到合适的水流条件，冰花会下潜到冰盖之下，减小河道的正常过流断面，冰盖之上也会产生堆积；堆积水位壅高而形成冰塞。初冬时节，往往会在一个河段形成多级冰塞，之后形成较高的冰塞，最后河流全面封冻，形成冰盖。到第二年初春，气温回暖，冰盖破碎，冰块随水流向下游漂移。在特定的河床条件下，受到水流动力的作用，冰块也会形成堆积，壅高水位形成冰坝。冰塞和冰坝都会给沿岸人民的生产生活造成一定的影响：轻者妨碍给排水工程和水电站的正常运行，迫使航道中断，破坏桥梁等水工建筑物；重者壅高水位，威胁堤防，决溢成灾，造成凌汛洪水，给人民的生命财产安全造成重大损失。我国凌汛灾害最为严重的地区主要分布在黄河流域和东北地区。

黄河流域位于东经96°～119°、北纬32°～42°，全长5464 km，流域面积为752443 km^2，是世界第五大长河、中国第二长河。黄河发源于青海省青藏高原的巴颜喀拉山脉北麓约古宗列盆地的玛曲，内蒙古自治区托克托县河口镇以上为黄河上游，从内蒙古自治区托克托县河口镇至河南省郑州市桃花峪为黄河中游，从河南省郑州市桃花峪至山东省东营市垦利区为黄河下游。黄河呈几字形分布，自西向东分别流经青海、四川、甘肃、宁夏、内蒙古、陕西、山西、河南及山东9个省和自治区，最后流入渤海。

黄河是举世闻名的地上悬河，由于地形地势复杂，岛屿、浅滩多，凌汛期间常常出现冰塞及冰坝，造成堤防决口，酿成重大灾害。尤其是内蒙古和山东河段，凌汛严重，内蒙古河段每年凌汛期都会出现不同程度的凌灾，平均每两年会出现一次较大范围的淹没损失。统计资料显示，1855—1938年，黄河下游现行河道平均每五年中就有两年发生凌汛灾害。1951年与1955年分别在利津的王庄、五庄凌汛决口，致使利津、沾化、滨县133万亩（约887 km^2）耕地被淹没，受灾人口高达26万多人。1982年1月，黄河河曲段出现了历史上罕见的冰情，冰盖和冰花最大厚度达1.1 m和9.3 m，经济损失多达1亿元[15-16]。1993年12月初，黄河宁蒙段三盛公河段闸下封河形成冰塞，12月6日9:30，黄河磴口段水位急剧上升，超过了拦河闸闸下设计水位，导致三盛公拦河闸闸下3.3 km处黄河左岸南套子堤防溃决，造成严重的冰凌洪水灾害，淹没面积达80 km^2，造成直接经济损失约4000万元。1996年1月，由于河道萎缩、流冰不畅，黄河小北干流潼关河段造成严重冰塞，导致陕西省大荔县一半面积受灾，经济损失达2.5亿元。1977年2月14日，凌汛灾害造成陕西韩城市200 hm^2耕地被淹没，冲毁桥南工程隔坝400 m及2#坝500 m。2009年1月，由于气温回暖，黄河部分河段河冰开始融化。位于山西吉县的黄河壶口瀑布景区发生罕见特大凌汛灾害，短短20分钟内，整个景区几乎被上游倾泻而来的冰凌完全吞没。据估计，损失在1000万元以上。

东北地区处于我国高纬度地带，冬季持续时间长，气候非常寒冷。该地区极易发生冰凌灾害的河流主要集中在北纬46°以北的黑龙江上游河段、松花江依兰以下河段以及嫩江上游河段。1950—2010年，东北地区大中小河流每年发生灾害性冰坝数十次，较为突出的大型冰坝有20余次。黑龙江流经中国、俄罗斯和蒙古三国，全长4370 km，流域面积达184.3万 km^2。黑龙江上游是冰凌洪水的高发区。在有记录的89年间，黑龙江上游有27年发生了严重的或较严重的冰坝，平均每3.3年就发生1次，一般性的冰坝或冰塞几乎年年发生。1960年和1985年由于冰坝形成的洪水高度甚至超过了近百年特大夏汛洪水，给沿江人民的生产生活带来巨大损失。1960年4月25日—5月10日，在黑龙江洛古河至霍尔漠津近千千米的江道上形成冰坝14处，发生了历史罕见的特大冰凌洪水。1985年的冰坝凌汛与1960年相似，在黑龙江霍尔漠津以上近千千米的江段上发生冰坝17处，加林达站最高水位达12.6 m，冰坝持续时间达12天。此次冰凌、春汛洪水的严重程度，呼玛站以上凌汛大于春汛，呼玛站以下春汛大于凌汛。凌汛洪水最高水位与历史最高水位接近，严重冰坝河段水位甚至高出1958年夏汛历史最高水位。

1.1.2 水库冰问题研究

在河流狭口处兴建水库可以在一定程度上调节冬季河流的变化过程，充分利用水力因素是减轻、控制河冰凌汛危害的有效途径之一。水库的修建对凌汛的防治起到了积极的作用，但也带来了一些新的问题。冰塞现象除了会出现在河道中，还有可能发生在水库的回水末端处。通常水库冰塞分为三段：冰塞体的头部段、稳定段和尾部段。而水库的回水末端正好位于冰塞体的头部段与稳定段的分界点位置。当气温低于0 ℃时，河道开始流冰花，冰花逐渐进入水库回水末端后水流流速减小，致使流凌密度增加，冰花堵塞形成冰桥。受冰桥阻隔影响，后续冰花开始向上游堆积。当冰花堆积体上的上缘水流弗劳德数小于冰花下潜的临界弗劳德数时，冰花上排堆积，形成壅水高度不大的冰塞。当冰花堆积体上的上缘水流弗劳德数大于冰花下潜的临界弗劳德数时，冰花下潜，堆积在水面以下，形成壅水较大的冰塞。1961年冬在盐锅峡水库发生的巨大冰塞，冰塞体长达35 km，冰盖厚度近1 m，最大冰花厚14~15 m。1999年12月2日，万家寨水库出现严重的冰塞现象，冰塞发展到距坝63.7 km的水泥厂断面，水位为982.5 m，比畅流状态下的水位高4.38 m，高出水库移民搬迁高程0.32 m。

水库除了受到冰塞的影响，冰冻对水库坝体产生的静冰压力也不容忽视。静冰压力是指冰冻结后或受热升温体积膨胀而受约束时，对结构物的挤压破坏作用力[17]。水库大坝、桥墩及钻井平台常常受到静冰压力的影响而产生严重的破坏。1985年冬，引滦入津工程三大泵站引水拦污栅被流动冰块堵塞，受到冰盖挤压，前池翼墙墙体开裂；同年，受到连续增长冰盖影响，尔王庄水库防波墙被推倒100 m，推裂500 m，损失超过10万元[18]。1989年，黑龙江省泥河水库护坡被迫完全翻修，之前2.4万 m^2 护坡几乎被全部损坏。1999年2月15日，在冰推力的影响下，泥河水库整个冰层向坝体方向平移了1.5 m，冰层顺着大坝护坡爬上坝顶，形成一道3 m多高的冰坝[19]。

近年来，尽管国家重视，已形成了以宏观遥感技术监测、微观地面监测、计算机模拟预报为辅助的冰凌监测技术体系，但河冰演变过程中地面微观监测冰情关键物理参数的获取仅仅依靠沿河水文站人工测量，观测次数与项目少，数据不完整而且不连续，因缺乏有效判断河道开河时间及预测凌汛发生的数据库，无法实现冰凌灾害的有效预报。我国北方地区冬季对冰演变过程中冰情关键信息的获取目前几乎完全采用人工方式进行，可以看作水文自动监测、冰凌灾害预警系统的一个“技术、设备盲区”。因此，研究高效可行的冰演变过程中关键物理参数的自动监测方法并研发相应的设备已成为国家防凌减灾系统建设的重大科研课题。

1.2 国内外研究现状

1.2.1 冰层厚度检测技术的研究进展

在冰工程研究领域，冰层厚度是最基础的参数之一，也是建立冰凌灾害预报模式的关键物理参数之一。Ashton提出，冰厚是研究河冰和湖冰最重要的参数[20-21]。冰盖厚度的生长和消融分析以及开河日期的预估在内陆航运和水力发电等运用计划中都是非常重要的因素[22]。冰盖强度与冰层厚度及温度相关，因此冰层厚度是计算冰对水工结构物作用力的重要指标。目前，国内外对于冰层厚度的获取主要通过数值模拟计算和现场物理检测两种不同的渠道完成。

数值模拟计算利用冰演变过程中边界条件建立动力和热力学数学模型，确定冰层厚度计算公式。国内外学者针对这一问题进行了系统的研究，并取得了大量的研究成果。德国Stefan于1890年建立了度–日法冰厚计算公式，目前仍被广泛使用，由于其假设冰面气温与大气相同，因此计算结果存在一定误差。美国Clarkson大学沈洪道教授在河冰演变过程的数值模拟研究领域取得了许多成果[23-26]。沈教授在度–日法的理论基础上提出了一个可以模拟整个冬季冰盖厚度变化的统一度–日模型，并在圣劳伦斯河上游从安大略金斯顿（Kingston）到康沃尔（Cornwall）之间160 km长的河段进行了应用，模拟结果与野外观测结果基本一致[22]，不足之处在于没有考虑来自冰盖下水体的热通量。Duguay等根据长期监测到的湖冰温度分布、冰厚、雪厚等参数，建立了北极、亚北极地区湖冰模型，模拟计算了湖冰冰层厚度[27]。

罗丽芬等基于概率设计原理，分别通过渐进法、精确解法、平稳二项随机模拟法对利用渤海短期冰厚观测资料推测极值冰厚进行了探讨[28]。杨瑞波等与

赵子平等采用度-日法对嫩江富拉基河道及大赉江河道的最大冰厚进行了推算和验证[29-30]。许亮斌等结合神经网络与时序分析方法，提出一种极值冰厚的预测模型，并对鲅鱼圈和渤海四个区域的极大冰厚进行了分析研究[31]。刘煜等基于质点-网格海冰模式，采用冰厚分布函数，进行了理想场及渤海现场的数值模拟，并模拟了冰厚变化动力过程[32]。在经典的斯蒂芬冰厚计算公式的基础上，李志军等考虑了负积温与冰下水流速两个因素对冰生长的影响，根据松花江干流所获取的实测水文及气象资料估算了哈尔滨至同江段的河冰厚度[33]。冯景山等利用水库冰盖表面温度实测数据，建立了一维热传导模型方程，对冰水分界面采用等距步长的方法进行处理，模拟了2008—2009年红旗泡水库冰盖厚度的增长过程[34]。练继建等考虑辐射传热的影响，在研究不同水流条件下冰盖生长、消融机理的基础上，提出辐射冰冻度-日法，并对胜利水库和松花江冰厚生长消融全过程进行了估算[35]。陶山山等通过分析渤海北部营口和葫芦岛海区的实测冰厚数据，采用极大似然法求得不同重现期下冰厚重现值的置信区间，对4种分布形式进行了优选比较[36]。

综上所述，数值模拟计算需综合考虑各种冰情、水文、气象等边界条件的影响，因此，其结果的准确性与实测数据的数量、精度有很大关系。

随着计算机、通信、电子检测等信息处理技术的快速发展，冰层生消物理检测方法以其特有的预报直观、实时性强的优点，已逐步成为水文测报中的主流技术手段。依据检测方式的不同，现场物理检测又可分为非接触式测量和接触式测量两种。

非接触式测量方法包括：

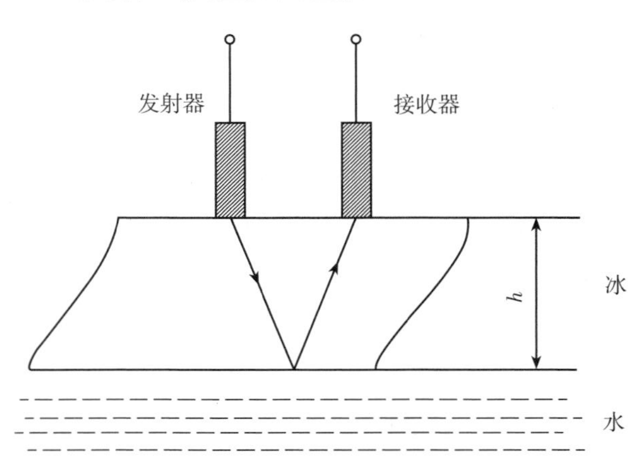

图1-1　超声波测冰厚原理图

（1）超声波法。利用超声波测量冰厚与一般超声测厚仪工作原理类似。根据冰能有效传播声波的特性，可利用超声波在冰层内部往返一次所需时间来计算其厚度。具体方法如下：在冰面上固定一发射探头，使其发出超声波，该声波将沿着冰厚方向传播，到达冰水分界面后产生反射回波。在冰面上利用一接收器接收此回波，其工作原理如图1-1所示[37-38]。

由于声波在冰层中的传播速度c是一定的，所以通过测定超声波在冰层内往返传播的时间t，通过公式（1-1）可计算出冰层厚度。

$$h = \frac{1}{2}ct \tag{1-1}$$

（2）电磁感应法。基于电磁感应原理测冰厚的探测系统通过机载或船载方式实现冰厚测量，主要包括电磁感应仪和激光测距仪两个部分。利用电磁感应法探测冰厚是基于冰与水之间的电导率差异实现的，依据这种差异可以测得仪器至冰水分界面的距离h_w，如图1-2所示。同时，将激光测距仪探头与电磁感应仪固定在同一水平面上，其发射出的激光到达冰面后发生反射，再次被探头接收并同时记录激光往返时间，据此可计算出仪器位置距冰面的高度h_i，即光速与往返时间乘积的一半。h_w和h_i相减即可得到冰厚h[39-45]。

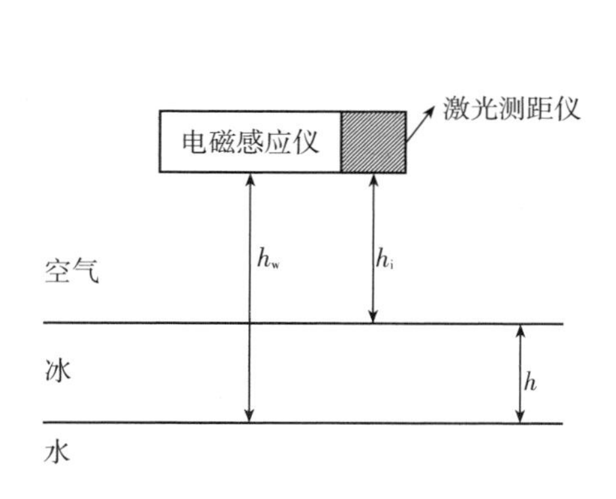

图1-2 电磁感应探测冰厚法

（3）通过卫星遥感技术以及航拍、船拍等技术可对大范围区域内冰厚、冰密集度、冰外缘线等参数进行反演计算。杜碧兰等研制了一套卫星数据实时采集处理系统，经过预处理将卫星数据转化成辐射物理量，结合冰的物理特征，定量计算冰厚、冰密度等参数[46]。郑新江等采用NOAA卫星AVHRR资料中的亮度温度和反照率值与海上同期实测冰厚数据进行相关分析，分别建立回归方程，并利用最小二乘法原理推算出冰厚与亮度温度的对应关系和冰厚与反照率的对应关系来推算冰厚值[47-48]。陈贤章等利用NOAA卫星AVHRR资料对1993—1994年度的青藏高原湖冰冰厚进行了监测[49]。罗亚威等基于海洋1号卫星数据，通过线性内插的方法得出了冰厚和反照率的对应关系[50]。王宁等研制了基于MODIS数据的渤海海冰遥感探测系统，该系统以IDL和Visual C++作为编程语言，建立了一个统一的海冰信息提取平台，实现了海冰厚度信息的提取[51]。刘眉洁等通过拉布拉多海全极化SAR影像和现场冰厚数据，研究了海冰SAR极化特性对一年平整冰厚度的响应特性，得出相关性经验方程，从而进行冰厚反演和误差分析[52]。国外许多学者也在利用遥感技术进行冰厚反演方面开展了大量的理论研究和试验工作。Yamanouchi和Seko在20世纪90年代初就已使用NOAA卫星的AVHRR资料对南极昭和站附近的固定冰分布进行了监测[53]。Duguay等利用地球资源卫星和欧洲遥感SAR数据确定浅水湖冰层厚度，并应用于加拿大曼尼托巴省哈德逊湾附近的丘吉尔低地[54]。Jasek等利用RADARSAT-1 SAR图像得到了加拿大和平河河冰厚度和后向散射系数的对应关系并对河冰厚度进行了反演计算[55]。Unterschultz等利用RADARSAT-1 SAR影像对加拿大阿尔伯塔省北部的阿萨巴斯卡河河冰分类和厚度进行了反演计算[56]。

（4）仰视声呐法。仰视声呐法是冰厚观测的经典方法。其原理是利用布置在水下的声呐装置，向水面发出声波，利用声波在冰的上下表面回波之差来计算冰厚。该法包括潜艇声呐剖面测量和泊系仰视声呐两种形式。目前主要应用在海冰监测上，将仰视声呐设备搭载于潜艇或水下机器人平台上获取冰层厚度资料是被广泛采用的方式[57-62]。此外，锚系仰视声呐也被广泛应用。由于仰视声呐获得的数据精度受水下设备位置及水温、潮汐等因素影响很大，尤其是潜艇、水下机器人等设施耗资巨大，因此目前该方法还无法完全满足冰厚观测的需求[63-64]。

（5）探地雷达（GPR）扫描法。通过探地雷达可实现对地下或物体内不可见的目标、界面进行定位。工作时可采用机载、车载或人工拖拽方法实现。美军陆军寒区研究和工程实验室（CRREL）通过在直升机上悬吊传统探地雷达系统，在阿拉斯加及南极洲对冰层厚度进行了探测研究[65]。在第十九次南极科学考察中，邓世坤等通过探地雷达获得了南极Amery冰架的内部结构[66]；李志军（2010）等利用探地雷达实现了红旗泡水库冰层厚度的探测[67-68]。Holt等利用探地雷达系统于2009年5月和10月分别在阿拉斯加巴罗及南极东部进行了冰厚探测试验。该系统有50~250 MHz低频和300~1300 MHz高频两种模式。前者用于一年冰或多年冰的测量（量程为1~7 m），后者用于一年冰的测量（量程为0.3~1 m）。通过反复测试得出了探地雷达在一年冰的测量中更具可行性的结论[69]。Galley等在不考虑时空变化的前提下，利用250 MHz和1 GHz两种频段模式对雪、河冰及海冰的物理介电性能进行了比较测试[70]。

综上所述，非接触式测量法对于掌握大范围内冰厚的分布具有非常大的优势，但是其昂贵的成本、复杂的操作方式以及较低的精度使其在冰厚测量应用中受到一定的限制。

接触式测量方法适用于定点冰厚的测量，常用方法如下：

（1）人工凿冰测量法。它依靠人工凿冰或借助机械设备在冰面钻孔后使用量冰尺直接测量冰厚。人工凿冰测冰厚是一种最原始可靠的方法，缺点在于费时、费力、效率极低且具有一定危险性。尤其是当冰层较厚时，这种方法实施起来难度非常大。由于缺少有效的自动化冰厚观测技术及设备，目前人工凿冰仍然是我国北方地区水文站最常采用的冰厚观测方法。图1–3为工作人员在冰面上进行凿冰测量冰厚。

图1–3 人工凿冰测量冰厚

（2）热电阻丝冰厚测量装置。根据已有的热电阻丝冰厚测量仪[71]，雷瑞波等改进设计了一种简易的热电阻丝冰厚测量装置，其工作原理见图1–4。测量时，通过给电阻丝加热使电阻丝周围的冰融化，然后将电阻丝拉起，电阻丝底部的横挡板接触到冰下表面后，测量L_1和L_2，电阻丝总长度减去L_1可

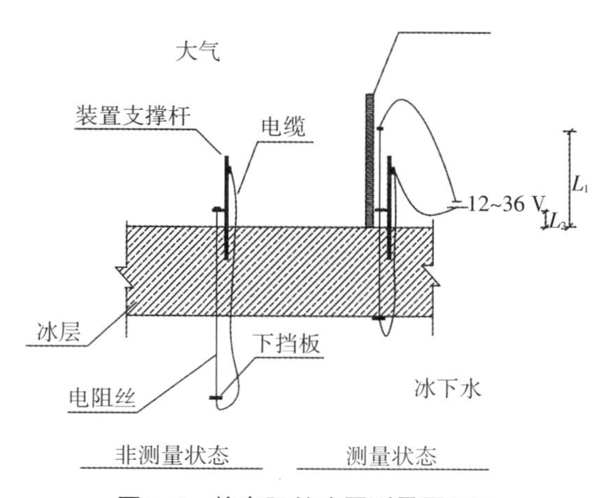

图1–4 热电阻丝冰厚测量原理图

得到冰厚值，完成后再将电阻丝放回。热电阻丝装置测量冰厚精度可达到±0.5 cm。因固定支架保持与冰面不动，通过L_1和L_2还可获得冰表面和底面的变化情况[72]。热电阻丝冰厚测量法和人工凿冰冰厚测量法是目前最可靠的定点冰厚测量方法，相对人工凿冰法，热电阻丝冰厚测量法已取得了很大的进步，但仍需要人工操作，而且得到的测量数据非常有限。另外，在反复的融冰过程中，下挡板处可能导致冰水界面的冰层处形成一个凹向冰层方向的小坑，给冰厚测量带来一定的误差。

（3）磁致伸缩冰厚测量仪。如图1-5所示，磁致伸缩冰厚测量仪主要由仪器箱和测量杆两部分构成。测量杆上装有一个固定磁环及两个可活动磁环。通过控制可活动磁环的运动来完成测量。测量时，受重力作用，上磁环向下运动至冰面上；同时通过气动方式使气囊（浮子）膨胀带动下磁环浮起，与冰底面接触。利用磁致伸缩传感器分别测得固定磁环上、下磁环的距离，通过与初始值对比，即可得到当前冰上表面和冰下表面的位置，进而计算出冰厚值[73-74]。磁致伸缩冰厚仪现场测量精度可达到0.2 cm，能够监测到冰厚变化的细微过程；不足之处在于，受温度影响，活动磁环可能被冻住而无法完成测量，且该装置能量消耗大，现场应用受到一定的限制。

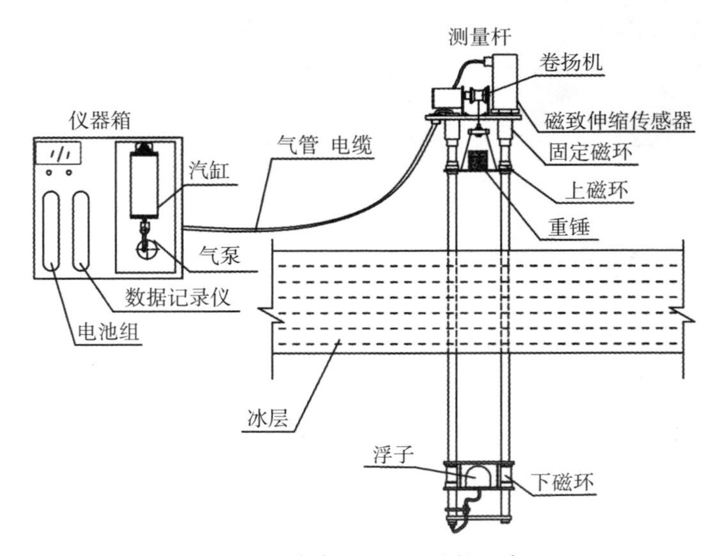

图1-5　磁致伸缩冰厚测量仪示意图

另外，马德胜等研制了不冻孔测桩式冰厚测试仪[75]，但这种仪器的不足之处在于进行冰厚测量时仍需通过人工操作完成，无法实现自动化。

通过分析以上接触式冰厚测量法，不难发现这些方法均存在费时、费力，需通过人工操作完成的缺点，且测量数据有限。无法实现冰层厚度及冰上、下界面的连续自动测量，也无法获取连续完整的原始冰情数据，从而成为影响冰情检测预报水平的技术瓶颈。2002年，太原理工大学冰情检测课题组秦建敏教授联合大连理工大学海岸和近海工程国家重点实验室李志军教授，开展了利用冰的物理特性进行冰水情自动检测的尝试。经过多年研究，他们不断探索研制了包括利用冰的电阻特性、电容特性、温度特性差异进行冰水情检测的观测仪器及设备。不仅可实现冰内部物理参数、冰层厚度及冰上、下界面的连续自动测量，而且可以获取大量的现场实测数据，在国家多个重点水利水电工程项目中得到应用[76-82]。前期冰水情检测理论研究与现场试验中，着重于-25 ℃至室温时冰物理特性的研究，致使极低温环境下应用原有原理检测时受到一定限制。本书将通过理论研究和现场试验相结合的方法来探讨相关问题，进一步完善利用冰物理参数实现冰水情检测的理论，并在此基础上扩展该技术及设备的应用范围。

1.2.2　温度剖面检测技术的研究进展

冰层温度是直接影响冰物理性质的主要参数之一。气温、冰温、水温与冰层的生长和消融过程、冰层内部的热传导过程，以及强度的分布等都有很大关系。在河冰研究中，温度条件是春季开河、冰塞、冰坝预报中非常重要的因子。调查结果显示，海冰温度廓线是研究冰/雪热力学过程和大气-海冰-海洋相互作用的关键，也是制约模型发展和验证模型结果是否正确的重要因素之一[83-84]。因此，为了快速准确地获取原始温度剖面数据，对温度剖面的测量方法和技术进行研究是一个非常重要的课题。

目前，温度测试技术已经非常成熟，用于物体温度测试的传感器与装置也有很多种。但在冰温的实际采集中却存在数据不足的情况。有研究者采用取样测试温度方法，首先，通过钻孔将冰芯取出，在冰上打孔，将温度探头放入进行温度测量。这种方法测得的冰温容易受气温干扰，不能真实反映冰层内部的实际温度状态。另外，国内外许多研究人员利用以热敏电阻为基础的温度链测量河冰或海冰垂直冰层剖面内的气温、冰温及水温。温度链测温的成败关键在于温度探头能否同探头周围的冰层冻结在一起。李志军等在中国第二次北极科学考察中使用了长77 cm的热敏电阻温度链，以获得垂直温度剖面数据，该温度链上分布着11个温度探头[85]。王海涛等研制了一种热敏电阻铠装而成的海冰温度剖面测量链，总长为99 cm，链上分布着10个温度传感器，测量范围为-30～20 ℃，测量准确度为±0.1 ℃[86]。我们知道，由于热敏电阻信号调理电路比较复杂，因此以其制成的温度链可能存在受电路影响而测量精度低的问题。热敏电阻温度链上不宜布置太多的温度探头，它只适合于一个或几个温度测量的场合。若要进行垂直冰层温度剖面内更密集温度的采集，则要受到一定限制，所以在冰热力学过程的分析中必然会存在数据量不足的问题。

另外，国内外一些学者通过数值模拟计算垂直温度剖面也取得了一些成果。Findikakis等通过一维数值模拟，对季节性封冻水库在冰生长消融过程中的水温分布进行了分析研究[87]。闫慧荣等基于某水库冬季实测气象资料，建立了适用于水库冰盖内温度的数值模型，模拟了冰冻期内部温度随时间变化的规律[88]。张岩等以乌梁素海湖泊作为观测现场，总结了2011—2012年冰生长过程中水文、气象和湖冰形态结构相关资料，分别建立了冰内温度与水文、气象关键因子以及冰体形态之间的关系[89]。

1.2.3 积雪深度检测技术的研究进展

积雪是冰冻圈的主要存在形式之一，也是中国冰冻圈三大要素之一，其对气候、自然环境和人类活动等具有不可忽视的作用[90]。按照空间范围来说，季节性积雪在冰冻圈组成中分布最为广泛。卫星观测资料表明，冬季季节性积雪的平均最大面积为47～106 km^2，其中98%分布在北半球。它对于全球能水平衡的重要影响使其成为气候变化研究中的一个非常重要的变量[91]。积雪对气候变化十分敏感，特别是季节性积雪，在干旱区和寒冷区，它既是最活跃的环境因素，也是最敏感的环境变化响应因子之一[92]。

冰上积雪的覆盖会大大减少冰上界面所接受的太阳短波辐射，阻碍冰层与大气之间的热交换，因此冰上积雪在一定程度上影响着整个气-雪-冰-水水文系统内部的热力传导过程。另外，冰雪在春季遇到一定的气候条件会形成冰雪融水，其所引起的水文效应不仅导致冰上界面状况的改变，有时甚至会造成冰雪融水径流量很大，引发较大洪水。例如，2004年春季，冰雪融水和较大降水所产生的径流共同作用引发了大兴安岭地区的特大洪水。积雪作为冰演变过程中的关键物理参数，越来越受到普遍的重视，国内外对积雪的研究也逐渐增多[92]。

积雪深度作为表征积雪的重要参数之一，是冬季气象、环境监测和水文部门常规观测的基本参数之一。国内外学者针对积雪深度的观测进行了系统的研究，并取得了一定的研究成果。大范围的积雪深度信息只能通过遥感技术获取。20世纪80年代以来，SSM/I、AMSR-E、SMMR等被动微波传感器广泛应用于积雪深度的监测[93-94]。被动微波信号对于小于5 cm的积雪不够敏感，容易造成漏判[95]。和被动微波遥感相比，光学遥感具有空间分辨率高、波段信息丰富等优点，AVHRR、MODIS等传感器被广泛用于雪盖提取[96-97]。由于遥感技术存在多源误差，仅靠遥感手段无法准确获取积雪信息，这也是河冰和海冰厚度检测问题中面临的挑战之一。因此现场实测数据不可或缺。人工观测法是传统的积雪深度测量方法，是将雪尺或有同样刻度的测杆插入雪中至冰面完成测量。这种方法费时、费力，且数据缺乏连续性、完整性，因此研制一种能够对积雪深度进行连续自动观测的仪器与设备是非常必要的。目前国内外已经开展了多年关于雪深自动化观测方法的研究，包括单杆法、双杆法、光扫描法、超声波测量等。单杆法、双杆法及光扫描法采用机械结构，在实际现场观测中容易出现故障，需要经常维护；超声波测量积雪深度是常被采用的一种观测方法，但其准确性和可靠性仍存在一定问题[98]。

1.2.4 静冰压力检测技术的研究进展

对于各种水工结构建筑物设计来说，冰演变过程中产生的静冰压力是非常关键的参数之一。冰盖层冰压力常常对水电大坝、水库护坡、桥墩、海上各种钻井平台等水工结构物造成严重的破坏。由于特殊的工作环境，目前对静冰压力的现场连续在线监测仍然是冰工程检测领域尚未得到解决的难题之一。在实际工程应用中，对于静冰压力数值的获取目前主要通过原型观测、物理模型试验及数值计算三种途径获得。

（1）原型观测法。原型观测是指将压力传感器埋入现场被观测冰层中，通过人工或仪器进行长期的观测记录，获取冰层内部力学强度变化的数值。Donald等通过在加拿大魁北克的4个水库预埋不同的冰压力装置获得了不同的静冰压力数据，提出了一种由水位变化、冰下水流和冰上气流的拖拽作用以及热膨胀效应导致的静冰压力测算方法[99]。从1980年开始，胜利水库管理站的工作人员在胜利水库使用电阻温度计、电阻应变仪和钢弦压力盒对冰压力连续进行了10年的测量，获得了大量的原始资料。隋家鹏等利用一种冻结力机械装置在实验室得到了冻结强度与温度的关系曲线，通过乘以冻结强度折减系数，可得到实际冰盖板与护坡之间的平均冻结强度，基本解决了水库冰盖板静冰压力的设计取值问题，但该装置未能在实际工程中得到应用[100]。刘晓洲等利用压阻式密封低温压力传感器对中国平原水库静冰压力进行了实时观测[101]。由于原型观测技术所限且现场环境恶劣，往往很难获得连续完整的冰力学原始观测资料。

（2）物理模型试验。通过对现场原型冰切割取样，获得实验用模型冰，在低温环境下对模型冰外施单轴方向机械力模拟与结构物的碰撞，来检测冰力学强度。Barrette 和 Jordaan 在不同冰温下测定抗压强度，得出了冰强度与冰温的相互关系，随着冰温降低，峰值抗压强度有增大趋势[102]。张丽敏等利用低温实验室进行了加载方向垂直于冰晶轴方向的人工淡水冰单轴压缩强度试验，分别针对五种温度和应变速率在 10^{-8}~10^{-2} s^{-1} 内变化的不同情况进行了试验。结果表明，应变速率的不同会导致抗压强度较明显的差异[103]。Jia 等利用光纤光栅传感器在实验室实现了对桥墩模型冰压力的测量[104]。物理模型试验是目前国际上研究冰强度的主要手段，其缺点是实时性差，因检测环境与现场环境存在一定差异。

（3）数值计算法。Monfore 给出了不同温升率的冰压力曲线[105]。徐伯孟研究了水库冰层的膨胀力及其计算，提出了一种温度与静冰压力关系的计算方法，该方法只限于冬季水库水位基本稳定的情况[106]。Sanderson 得出了冰板屈曲破坏的计算公式，可计算冰板破坏的临界厚度[107]。孙江岷等提出寒冷地区平原水库护坡设计中关于冻胀、冰推作用的计算方法[108]。Shkhinek 和 Uvarova 研究了冰板与斜坡结构物相互作用的动力分析方法[109]。黄焱等利用有限元方法对工程中常见的两种边界条件下的冰温膨胀力进行了估算[110]。Stander 考虑到冬季用水水位变化引起水库周边结构物上的冰作用力[111]。刘晓洲等通过翼型断裂模型来研究、分析和计算水库护坡受冰冻层静冰压力[101]。Paavilainen 和 Tuhkuri 结合有限离散元的方法分析了冰对斜坡的压力分布[112]。数值计算的缺点在于将冰作为理想的均匀介质材料来考虑，与真实情况存在差异，理论数值计算量大且边界条件不易确定，结果不可靠，实时性差。

1.3 本书研究思路和主要研究内容

河冰的出现是寒冷区域水资源开发中一种常见的非常重要的自然现象。河冰的监测在水利水电运行、冰凌灾害预报、内陆航运、冬季道路修建等方面起着非常重要的作用[113]。冰体厚度是确定冬季河流流量、预估冰盖开河日期的决定性因素。冰层厚度及其变化过程是研究河冰演变过程及冰塞、冰坝发生的基础指标之一。因此，冰层厚度的研究是冰工程中一个非常重要的课题。忽略动力学作用，冰的演变过程主要受空气-冰分界面、冰内部以及冰-水分界面热传导的影响。而通过温度剖面的观测，可以获得流域内由冰上空气层至冰下水层整个垂直方向温度的分布情况，这对于掌握河流热量分布，进一步分析冰盖的形成过程起着非常重要的作用。另外，冰上积雪对于冰盖接收太阳辐射、维持冰盖厚度和强度以及延迟冰盖的热力融化也具有非常重要的作用。

河冰监测主要是为了了解和掌握河段内横向和纵向河冰的分布情况、河冰的性质和特征以及沿河变化情况。通过对具有代表性的站点监测获得大量河冰冰情资料，进一步了解河流在封冻期、解冻期以及稳定封冻期河冰的变化情况。掌握河段内冰情变化，可以指导冰凌预报，为冰凌期的冰上作业、运输等生产活动提供数据和决策依据。通过对河冰冰层厚度、温度剖面和积雪深度进行监测，除了获取最基本的水文资料外，更重要的是分析研究冰凌的变化，掌握冰凌的变化特征，为达到防凌防灾的目的提供信息支撑。因此，及时准确地掌握冰层厚度、温度剖面和积雪深度的相关数据和资料不仅是研究河冰演变过程的基础，也是科学指导防凌工作的重要依据。

水库的修建在调整河道流速变化、减轻冰凌灾害等方面起到了积极的作用。冬季冰演变过程中静冰压力的大小关系到水库能否安全运行。通常静冰压力的大小与冰层厚度和温度剖面有着密切的关系，因此，掌握水库内静冰压力、冰层厚度及温度剖面的变化情况，对于保障水库安全运行、冰凌冰情预警有着非常重要的作用。

综上所述，考虑到河冰演变过程中关键物理参数监测的必要性及现有监测技术存在的不足，本书通过对获取冰层厚度、温度剖面、积雪深度及静冰压力关键物理参数技术的研究，研制了多种传感器及监测系统，并对所获取的部分典型数据进行了分析研究，为河冰演变过程中关键物理参数的实时、连续及充足数据的获取提供了技术支撑，对于优化冰冻结及消融过程数值模式、验证数值模式模拟结果提供了数据基础。另外，冰演变过程中关键物理参数数据记录的不断积累及技术的研究，也为制定气候变化对我国河冰影响的对策提供了技术支撑和数据支持。

第2章　冰与雪的基本物理特性

2.1　冰的基本特性

2.1.1　冰的性质与类型

冰是自然界中存在的一种自然现象。自然界中的水具有气态、固态和液态三种状态。液态的称为水，气态的水称为水汽，固态的水称为冰。

冰是一种具有六方晶格的分子晶体，分子间靠氢键结合，略显白色，具有抗压性、低温膨胀、吸附性较强、密度低、导热性差的特点。不同压力下可以形成不同的晶格结构。

水比任何其他材料都更能形成多种固态相。如果液态水在常压下冻结或水蒸气在-80~0 ℃沉降，会有规则地重复排列，形成一种六方对称的晶体。该晶体被定义为冰的六方晶系，称为Ih型冰或单晶冰。在-130~-80 ℃沉降到板上的水蒸气，也产生一种晶体，但其结构为立方体，故被定义为立方晶系，称为Ih型冰。此外，已确定了至少8种高压水成晶体，即Ⅱ型到Ⅸ型冰。它们被定义为冰的高压多晶型物质。在低于-140 ℃时，水蒸气在板上沉降就表现为非晶体冰或者由很小晶体形成的冰，这种冰被定义为玻璃质或非结晶型冰。在水的所有固态相中，只有六方晶系冰在地球上以天然形式存在。

冰结构中的氧原子是X线的主要衍射中心。每一个氧原子都位于以4个其他氧原子为顶点构成的四面体中心上。在0 ℃时，O—O距离是0.276 nm，形成一种松散的低密度结构。氧原子的四面体坐标使得冰具有六角对称的晶体结构，这种结构影响了多数冰的特征。Ih型冰结构的一个重要特征是把氧原子集中到一系列基面上。

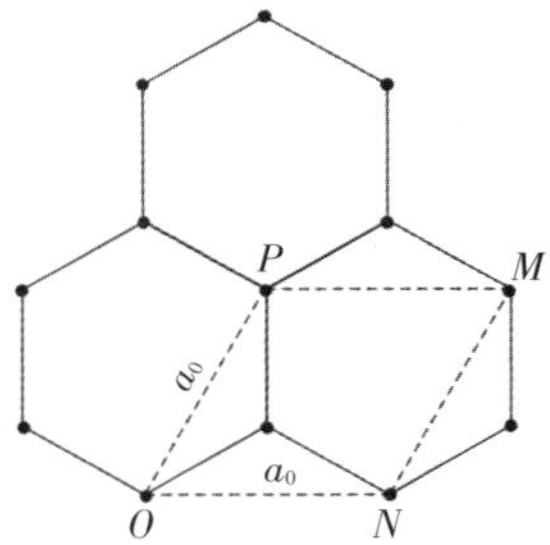

图2-1　Ih型冰中氧原子排列

冰晶结构的基本组构如图2-1中字母所示和图

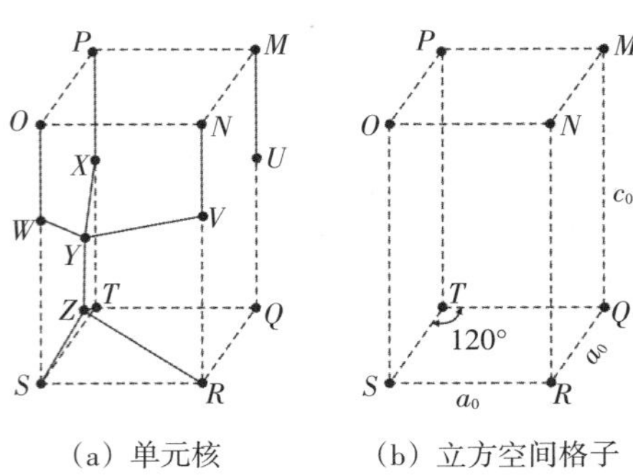

图2-2 Ih型冰

2-2（a）中分开绘制的氧原子集合体。这组原子定义的空间区称作一单元核。在三维空间独立单元核以面对面最佳排列方式构成完整的晶体结构。该单元核中包含4个氧原子。

图2-2（b）中字母*M*，*N*，*O*，*P*，*Q*，*R*，*S*，*T*称为Ih型冰的空间晶体格子。图上的8个顶点称作晶格点。这些点有一个重要特征，即从任一顶点看晶体结构的剖视图，都是独立的。由于冰的空间格子仅在角上有晶格点，所以它是一个立方空间格子，或称简单空间格子。如图2-1和图2-2（b）所示，长度a_0和c_0表示单元核或立方空间晶格的尺寸，假设最佳四面体坐标满足相邻分子间等距离，从几何学角度，可以表明c_0与a_0之比应等于1.633。

很久以来，氧原子之间氢原子的位置关系一直没有定论。然而，根据冰和液态水的红外谱基本上与水蒸气红外谱相同的事实，可以推断出水分子结构在三种相态中均相同。由此Bernal和Fowler提出冰原中氢原子位于联结一对氧原子的线上，但距一个氧原子约为10^{-10} m，而距另一氧原子约为1.76×10^{-10} m。在完整晶格中，每一个氧原子有两个距它10^{-10} m的氢原子。图2-3表示与每一个氧原子相连的4个键上氢原子的6种可能排列。

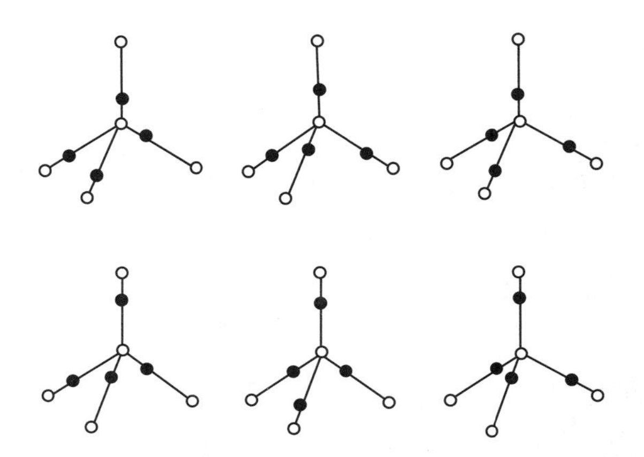

图2-3 冰中氢原子在绕每一个氧原子4个键上的6种可能排列

○—氧原子；●—氢原子

根据Bernal和Fowler的研究，Pauling提出了一系列控制氢原子位置的规则，即Bernal-Fowler规则或冰规则[1] 10。规则内容如下：

（1）固态冰的水分子与气态中的水分子类似。

（2）每个水分子都是定向的，因此它的2个氢原子约朝向4个氧原子中形成氢键的2个氧原子。这4个氧原子围成一个四面体。

（3）每个相邻氧原子间只有一个氢原子。

（4）在常规条件下，非临近分子的相互作用不能明显地保证某一种结构型稳定，以便符合前面提到的条件。

违背Bernal-Fowler规则中的任何一项都被认为结构上产生缺陷。如违背规则（1），产生离子缺陷，即三个质子围绕一个氧原子产生一个正离子$(H_3O)^+$，而一个质子围绕着一个氧原子产生一个负离子$(OH)^-$。当违背规则（2）时，产生一种Bjerrum缺陷。当在一个键上出现两个质子时，产生D缺陷；在一个键上没有质子时，就出现L缺陷。

凡是由位于负电性原子之间的氢原子结合构成分子的材料，都称作氢结合材料。最完美的氢结合材料是水的固态结晶。它的氢原子位于一对氧原子之间。

当温度为0 ℃时，水冻结成冰，体积会增大约1/9。据观测，封闭条件下水结成冰时，体积增加所产生的压力可达2500个标准大气压。冰在0 ℃时密度为0.917 g/cm^3，水的密度为1.00 g/cm^3。

按照形成的地理条件不同，冰主要分为海冰、河冰和湖（库）冰等。

海冰即由海水直接结成的冰。由于海水含盐度很高，因此海水冰点要低于淡水，约为-2 ℃。但因为表面海水密度和下层海水密度存在差异，会造成海水对流强烈，因此即使温度为-2 ℃，海冰也不一定会形成。此外，受洋流、波浪、风暴和潮汐的影响，海冰冰晶也很难形成。海冰可分为常年海冰和季节性海冰。常年海冰主要分布在南极和北极，季节性海冰主要分布在北冰洋、纬度高于40°的海洋，如西北太平洋的日本海、中国渤海和黄海北部等。

河冰是由河水直接结成的冰。通常在1个标准大气压下（101.325 kPa），温度降到0 ℃时，水就会变成冰。但实际情况并非如此简单。一方面，河水中包含很多物质，导致水的凝固点降低，水需降至0 ℃以下才能冻结；另一方面，当温度刚好由0 ℃以上降到0 ℃时，水并不会冻结，因为结冰时放出的潜热很大，如果正好是冰点，刚生成的冰晶又会很快融化掉。所以，一般情况下，温度在0 ℃以下，河水才能出现冻结现象。另外，当温度降到0 ℃以下时，河水有可能还是不能结成冰，这时称为“过冷水”。

湖（库）冰是由湖泊（水库）水直接结成的冰。由于湖（库）冰的水流比较稳定，在同等水温下，结冰时间要比河冰短。静水结冰需要过冷，实验室里曾经记录到蒸馏水过冷到-20 ℃还不见冰晶出现的数据。一般静水冷却到4 ℃后，水面继续降温，仅能使表层发生冷却，底层在较长时间里还是维持在4 ℃的温度，所以静水冻结是从水面开始的。

2.1.2 冰的冻结机制

如果冷却液体，并测量开始自发结晶时的温度，就会发现：结晶温度总是低于融化温度。图2-4是恒速放热时纯水的冷却曲线，可以看到第一个结晶体开始结晶时，需要一个冷却过程；第二阶段为液体和固体混合物，对应着晶体生长；第三阶段是冰的自身冷却[114]。其中，θ_0为相平衡温度，$\Delta\theta_0$为过冷却温度，L，S和SL分别为液态、固态和过冷却液态。

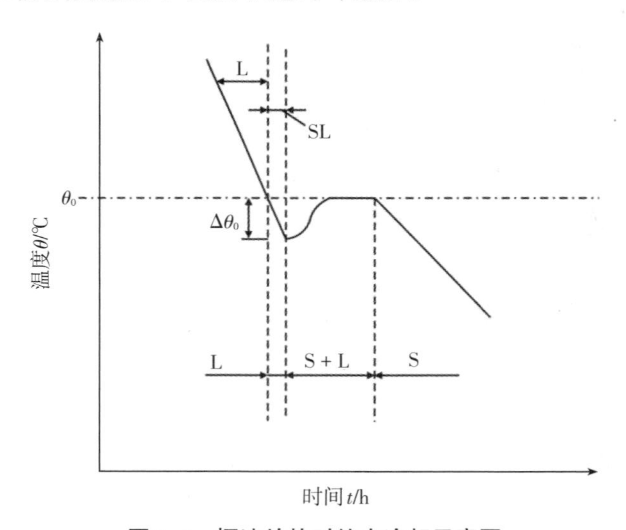

图2-4　恒速放热时纯水冷却示意图

过冷却条件不是系统开始结晶的唯一原因。晶体生长前，在液体中存在一定量的细小结晶核，即所谓晶核。结晶既可以自发出现，也可以人为诱导产生。在纯水中的冰晶发生前，均质晶核需要大量的冷却过程。冰晶核一般由降雪或大气冰形成。有了这样的外界晶核，冰结晶就大大缩短了过冷却过程。

2.1.3 河冰的演变过程

河冰的演变是一个非常复杂的物理过程，涉及水动力、机械力和热力等多种因素相互作用，同时还受到气象、水文条件和河道地形地貌特征等的影响。随着气温变化，河流中会出现不同的冰情现象。

微冰——气温下降到零度以后，在岸边结成的零碎的薄而透明的冰体。

冰凇——漂浮在水中、呈细针状或薄片状透明的冰晶，多在水面或水中形成。

棉冰——落在水面的雪聚集而成，好像浸湿了的棉花，一点点或一片片漂浮着。

泥冰——在浅层水中生成，是一种带有黏稠状物质、像泥沙一样的不透明冰体。

岸冰——河流两岸冻结成的固定冰带，分为初生岸冰、固定岸冰和冲积岸冰。

水内冰——水中生成的冰，可以在水面、水中和水底同时生成，是一种海绵状或饭团状多孔而不透明的冰体，近似于浸透了水的雪。

冰花——漂浮在水面的水内冰，形状像花瓣的冰片。

流冰花——冰花流动的现象，多发生在秋季。

流冰——发生在封冻前的流动的冰块，可分为秋季流冰和春季流冰。

清沟——冻结河道中的某段没有冻结的河段。清沟是由于温暖的地下水或污水排入，或急流处不易封冻而形成的。小的清沟好像裸露的洞穴，所以也称为冰穴。清沟下能生成大量的水内冰。

冰礁——冻结在河底的小冰岛，由水内冰堆积，或者与棉冰、冰凇和冰花等结合而形成，能迅速地从河底增长到水面。水内的冰礁不结实，长到水面后就冻结得很紧密。

冰桥——冻结在水面上，上下游均是敞露水面的冰盖，冰盖下可以过水，在水流速度和水位上涨较快时，冰桥会自然垮掉。

封冻——在河段内出现整片而固定的盖面冰层时，或上下游已有部分河段形成横跨断面的盖面冰层，而且中间的敞露水面面积已小于河段总面积的20%时，即为封冻。

连底冻——河流断面全部冻结，无水流。

河流封冻有两种情况：一种是从岸边开始，先结成岸冰，然后向河心发展，逐渐汇合成冰桥，冰桥宽度扩展，使整个河面全被封冻；另一种是河冰在河流狭窄或浅滩处形成冰坝后，冰块之间和冰块与河岸之间迅速冻结起来，并逆流向上扩展，使整个河面封冻。

春季随着气温的升高，冰盖开始消融，受气温、降雨和河道特性的影响，融冰期常出现不同的冰情现象。

冰上有水——冰上覆雪及冰层表面融化的水或岸上流下的雪水，积于冰面。

冰上流水——冰上覆雪及冰层表面融化的水或岸上流下的雪水，在冰面上流动。

冰上结冰——冰上的融雪水或融冰水在遇到低温时，又冻结成一层透明或不透明的冰面。

岸边融冰——一般出现在解冻以前，封冻冰层自岸边开始融化，并出现敞露水面的现象。

冰层浮起——在解冻前，由于岸边融化，整个冰盖脱岸，随着水位上涨，整片冰层浮于水面。

冰层滑动——脱岸的封冻冰层整片地或分裂成大冰排顺流向下滑动，随后又停滞不动。

解冻——在冰情河段内，已没有固定的盖面冰层时或河心融冰面积已大于河段总面积的80%时，称为解冻，即开河。一般有“文开河”和“武开河”的区别，前者主要靠热力作用，水势比较平稳，不会形成冰坝；后者主要靠水力因素，水势变化迅猛而不稳定，易形成流冰堆积和冰坝，常见于流向从南向北的河流。

流冰——春季开河后，大量冰块开始流动，易形成冰塞和冰坝。

流冰堆积——大量流冰相互挤压，遇到阻力时，便会向上堆积到冰盖表面或向两岸堆积，堆积严重时，水位会迅速上涨。

冰塞——在封河和开河期间，封冻冰层下面的河道被冰花和碎冰临时阻塞。冰塞缩小了河流过水断面，使上游水位被迫提高，甚至高于洪水位，会造成严重事故。

冰坝——流冰在河道狭窄或浅滩处卡塞，大量冰块下潜堆积起来，阻塞整个河流断面，使其过流能力几乎为零，像一座用冰块堆成的堤坝。冰坝往往使河流发生严重阻水，迅速抬高水位，严重的发生冰坝凌汛。

在融冰期间，随着气候的变化和降雨的影响，上述冰情都有可能出现，直到冰全部融解。

2.2　冰的导电特性

从物体导电特性出发，我们认为自然水（包含有导电杂质的河、湖、海水及自来水等）是良导电物体，空气是绝缘体，而在-25～0 ℃内，则把冰看作具有弱导电电阻特性的半导体（而不是传统冰检测理论中把冰作为绝缘体处理）[76，115]。由于试验条件所限，前期理论与现场试验研究中，重点对-25 ℃至室温范围内一定检测条件下淡水（冰）电阻值随温度变化的规律进行了研究。

实验中，我们将两个具有一定间距的金属触点插入水（或冰）中，可以通过如图2-5所示的电阻分压原理检测并获取冰和水的等效电阻值。

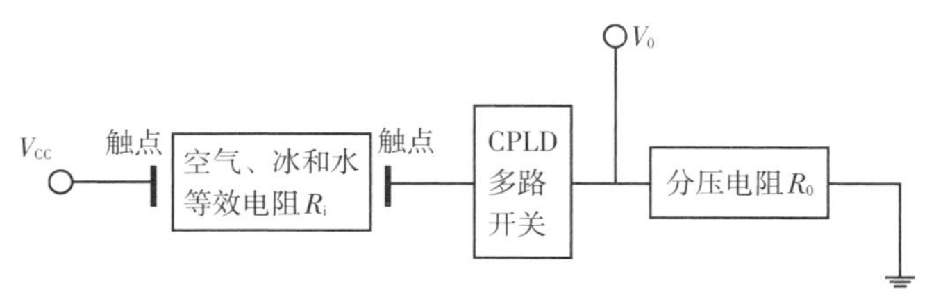

图2-5　等效电阻分压检测原理图

其中，V_{CC}为电源电压，取值为3.3 V，R_0为固定分压电阻，R_i为两触点间被测介质空气、冰或水的等效电阻值，其数值可通过公式（2-1）计算得出。

$$R_i = \left(V_{CC} - V_0\right) \Big/ \left(V_0 / R_0\right) = R_0\left(V_{CC}/V_0 - 1\right) \tag{2-1}$$

大量的实验数据表明，空气、冰和水的等效电阻具有明显的差异，表现在图2-5中，V_0值有所不同。因此，在检测过程中，可通过检测获取的V_0数值与实验室不同介质等效电阻值对比，判断出两触点间为何种介质。

前期研究中缺乏对低于-25 ℃温度环境下冰的电阻取值变化规律系统的理论研究，导致在冬季环境温度长期低于-25 ℃的南极和东北高寒地区应用基于空气、冰与水的物理特性差异的冰情检测理论进行冰层厚度自动监测时，出现在低于-25 ℃的温度范围内无法依据预知的冰物理状态理论阈值去指导冰检测设备硬件的设计和编写被测介质物理状态判断算法软件的理论断层现象，限制了新方法的使用范围，是新技术工程转化应用领域亟待填补的理论空白。在不考虑冰晶结构、气泡等特殊原因造成参数值突变的情况下，冰的电阻值会随温度的降低而上升，结果会使空气与冰的相应电参数值差异趋于平缓，给空气-冰层界面的判定带来困难，甚至限制了基于空气、冰与水的电阻特性差异冰情检测方法的使用温度范围。因此，通过理论研究和试验分析全面掌握冰在-55～-25 ℃温度范围内内部电阻特性随温度变化的取值范围，就有可能通过改变检测设备内部的器件参数值或通过检测另外的物理参数来减小物理参数差异平缓造成的空气-冰层界面判断的误差，延伸和扩大新冰情检测方法的适用温度范围。

结合前期研究成果，作者设计研制了量程为50 cm的电阻-温度（R-T）同步自动采集实验装置，如图2-6所示（第3章中将对传感器做详细介绍）。利用GDJS-015高低温交变湿热试验箱［图2-7（a）］，建立-70～150 ℃可调温度实验环境，完成对冰样本在由液体状态向固体状态的结冰过程或由固体状态向液体状态的消融过程中电阻特性的测试。选取自来水（电阻特性类似于河水）作为实验检测介质，考虑到电路中固定分压电阻可能会对冰-水以及空气-冰的分界面产生一定的影响，分别选取分压电阻值为15，40，100 MΩ时，对-55 ℃至室温温度范围内空气、冰和水的电阻特性变化规律进行了研究，数据采集周期设置为5分钟。

图2-6　R-T同步自动采集实验装置

通过对实验容器内的水循环进行冻结与消融可以模拟水结冰过程或冰消融过程，借助于R-T同步自动采集实验装置，系统地进行水在由液体状态向固体状态的结冰过程或由固体状态向液体状态的消融过程中空气、冰（水）的电阻和温度参数变化规律的实验［图2-7（b）、图2-7（c）］，获得了大量的实验数据。

（a）

（b）

（c）

图2-7　实验室水结冰及冰消融过程中冰（水）电阻、温度参数变化数据采集与自动记录实验

当分压电阻取值40 MΩ时，分别在结冰初期（a）、结冰中期（b）及完全结冰（c）后，选取相应温度环境下，自下而上垂直于冰（水）面的30组检测触点处于不同的介质层中时（实际传感器上有50组检测触点，由于空气电压值随温度降低变化稳定，方便起见，此处只选取30组触点分析），试验装置采集到的分压电阻两端的检测电压值（V_0），得出相应关系曲线，如图2-8（a）所示，其中横坐标为试验装置的电压检测触点，纵坐标为各检测介质层分压电阻两端得到的检测电压值。其中，露出水面的触点为14个，水面下触点为16个。

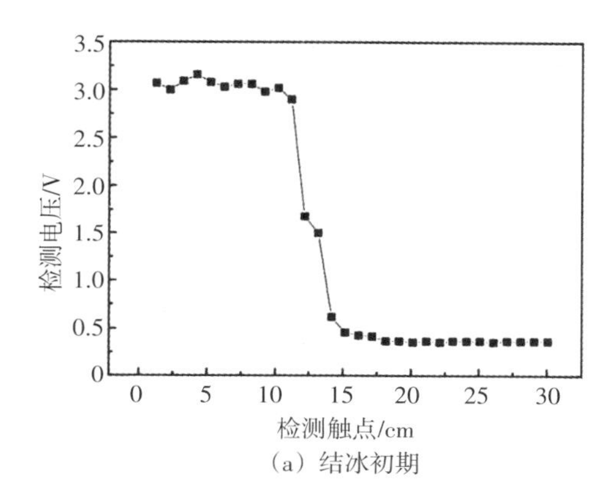

（a）结冰初期

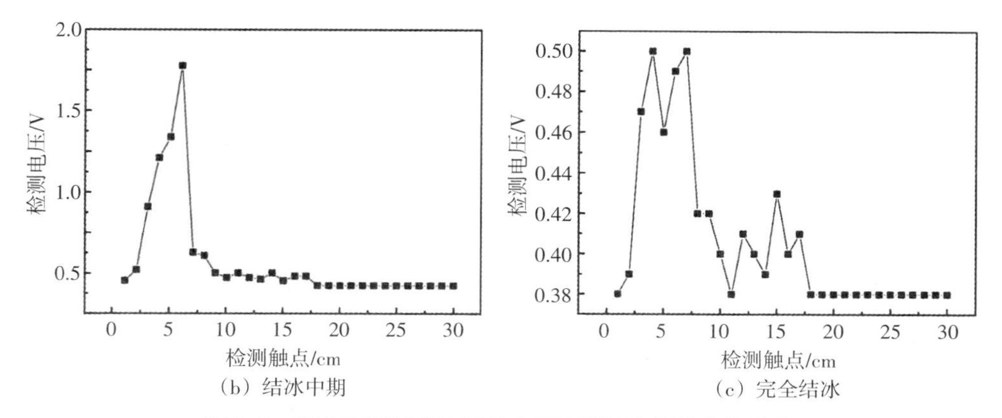

（b）结冰中期　　（c）完全结冰

图2-8 实验室不同结冰期各介质层检测电压值变化曲线

图2-8（a）为结冰初期状态（试验箱内环境温度为-19 ℃，冰层内部温度为-2 ℃），图2-8（b）为结冰中期状态（试验箱内环境温度为-55 ℃，冰层内部温度为-25 ℃），图2-8（c）为完全结冰状态（试验箱内环境温度为-55 ℃，冰层内部温度为-40 ℃）的相应关系曲线图。

通过对图2-8曲线进行分析可知，水结冰过程中，随着温度不断降低，V_0不断减小，而空气中V_0值随温度变化趋势稳定。从图中可以看出，水层检测电压值最高，为2.5~3.3 V；冰层次之，为0.40~2.5 V；空气层最小，稳定在0.37 V左右。从图2-8（b）可以看出，冰层中触点1到触点17的检测电压值自下而上先增大后减小，这是因为在试验箱封闭的低温环境中，实验容器内冰内部温度从四周向中心逐渐降低，导致冰的生长方向也是从四周向中心不断生长。从图2-8（c）可以看出，当冰内部温度降低至-40 ℃时，冰和空气的界面已无法区分。

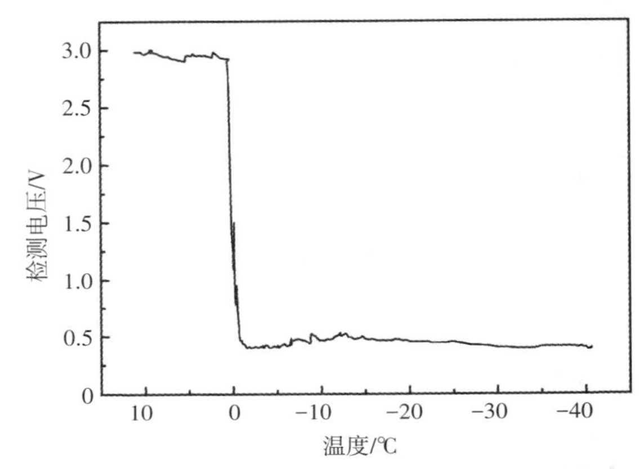

图2-9 -55~12 ℃温度范围内水结冰过程中触点17检测电压值随温度变化曲线（R_0 = 40 MΩ）

图2-9是分压电阻为40 MΩ时触点17检测电压值随温度变化的曲线图，该触点为冰（水）/空气的分界点。其中试验箱环境温度变化范围为-55 ~ 12 ℃时，而冰层中最低温度达到-40 ℃。从图2-9中可清楚看到水结冰过程中随着温度的降低，冰（水）/空气分界点检测电压值的变化趋势。当冰层中温度处于-5 ~ -2 ℃，触点17的检测电压值接近空气。从原始实验数据分析，该温度范围内，空气和冰的分界面将会出现1~3 cm的误差。当分界点温度低于-30 ℃时，冰层中部分触点检测电压值小于0.40 V，接近空气检测电压值，无法准确区分冰和空气的分界面。

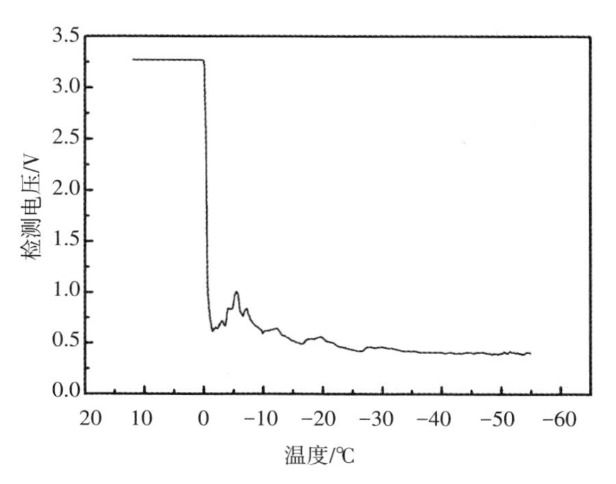

图2–10 −55~12℃温度范围内触点17水结冰过程中检测电压值随温度变化曲线（R_0 = 100 MΩ）

另外，我们对分压电阻取值100 MΩ时，−55~12 ℃温度范围内触点17水结冰过程中检测电压随温度变化的特性进行分析，如图2–10所示。经分析可知，水和空气的检测电压值分别约为3.3 V和0.38 V。冰的检测电压值随温度及冰内部结构的变化而发生变化。当冰温降至−0.5 ℃时，检测电压值减小为2 V；当冰温降至−1.5 ℃时，检测电压值减小为0.6 V；当冰温降至−5.5 ℃时，检测电压值又增加至1.0 V；随着温度继续降低至−40 ℃，检测电压值不断降低，直至约0.4 V；当冰温低于−40 ℃后，检测电压值接近空气的检测电压值，此时冰和空气无法区分。

综上所述，当分压电阻值取15 MΩ时，空气、冰、水采样电压值与分压电阻值取40，100 MΩ时分布趋势基本一致，区别在于空气的检测电压值稳定在0.36 V左右。从图2–9和图2–10可以看出，当温度降至0 ℃，分压电阻分别为40，100 MΩ时，随着温度的降低，检测电压值的变化趋势有所不同。对此作者进行了大量的实验，发现结冰过程中冰的检测电压值变化规律并不完全一致，这可能与水中所含杂质、外部温度环境等因素有一定的关系。但是相同之处在于，水（冰）的检测电压值在0 ℃时会发生跃变。另外，当分压电阻分别为15，40，100 MΩ时，冰和空气无法区分的温度临界点分别约为−20，−30，−40 ℃，这说明分压电阻的取值在一定程度上影响着冰和空气分界面的判断。我们将通过进一步调整分压电阻值或者其他物理参数值，真正掌握冰层内部−55~0 ℃温度范围内冰的电阻以及检测电压特性。减小物理参数差异平缓造成的空气/冰分界面判断的误差，扩展和完善基于空气、冰与水的物理特性差异实现冰情自动检测方法的理论体系，为传感器的改进提供理论基础。

2.3 积雪的基本特性

雪是由大量白色不透明的冰晶（雪晶）及其聚合物（雪团）组成的降水，是一种固态降水。寒冷地区，冬季降水以雪的形式为主。这些地区年降雪量占年降水量的比例很大，有的可达80%或更多。寒区冬季的积雪和春季的融雪在水资源和水环境中都占有相当大的比例。

雪花大都是一种规则的六角形结晶体，是在结晶核（尘埃、粉尘、烟等固体微粒）的基础上，由大气中的水蒸气凝华成小冰晶，然后在运动的过程中，云中的水汽在冰晶表面继续凝华，冰晶之间相互碰撞黏连，体积越来越大，最后形成了雪花。多数雪花在降落的过程中受热融化成雨，只有当地面附近的空气足够冷时，雪花才能降落到地面形成雪。雪花在降落的过程中，经历了不同的大气云环境，形状变得复杂多样，即使都是星状雪花，也各不相同。空气不是热的良导体，地面新降的雪花之间的孔隙度很高，孔隙间充斥着空气，对大地有很好的保温作用。雪花刚降落在地面时，结构疏松，孔隙间充斥的空气多，保温效果就特别强；随着时间的推移，积雪结构越来越紧密，孔隙间充斥的空气越来越少，保温效果就越来越弱。

积雪是地球上一种具有许多独特性质的下垫面，它的强发射率、低热传导率，以及雪面温度不可能超过0 ℃等特点，都是自然界中其他下垫面所不具备的，影响着雪面与大气间的能量和水分交换。雪面温度的0 ℃上限，使得这种交换，一般都是从空气向雪面传递热量和水汽，雪面长波辐射交换的净损失很少，而其他下垫面通常与此情况相反。变化迅速也是积雪与其他下垫面的不同之处。

衡量雪和积雪特性的主要参数包括：积雪深度、雪水当量、雪密度、雪冷储量等。

根据积雪稳定程度，可将积雪分为5种类型：

永久积雪：在雪平衡线以上，降雪积累量大于当年消融量，积雪终年不化；

稳定积雪（连续积雪）：空间分布和积雪时间（60天以上）都比较连续的

季节性积雪；

不稳定积雪（不连续积雪）：虽然每年都有降雪，而且气温较低，但在空间上积雪不连续，多呈斑状分布，在时间上积雪日数为10~60天，且时断时续；

瞬间积雪：主要发生在华南、西南地区，这些地区平均气温较高，但在季风特别强盛的年份，因寒潮或强冷空气侵袭，发生大范围降雪，但很快消融，使地表出现短时（一般不超过10天）积雪；

无积雪：除个别海拔高的山岭外，多年无降雪。

2.4　冰的力学特性

冰作为水的固体形式存在于自然界，它是以水的分子方晶系规则排列。根据近代X射线的研究，证明了冰具有四面体的晶体结构。这个四面体是通过氢键形成的，是一个敞开式的松弛结构，在冰中氢键把这些四面体联系起来，成为一个整体。这种通过氢键形成的定向有序排列，空间利用率较小，约占34%，因此冰的密度较小。纯冰的密度为0.9168 g/cm^3（0 ℃，一个大气压下），其力学性质受氢键的强弱程度影响很大，在一定压力下呈现出弹性、塑形和脆性状态，温度越低，冰晶格子变位越困难，其弹脆性能越突出；反之，冰表现为塑性越显著。

对于冰强度：封冻时为静冰载荷，解冻时以动冰载荷为主，静、动冰的极限强度如表2–1和表2–2所示[13]。

表2–1　静冰的极限强度

冰的平均温度/℃	压缩R_a/(t·m^{-2})	弯曲R_w/(t·m^{-2})	局部挤压R_j/(t·m^{-2})	剪切R_e/(t·m^{-2})	拉伸R_L/(t·m^{-2})
< −10	100~120	90~120	250~300	50~60	70~100
> −10	50~70	50~70	125~175	15~30	30~40

表2–2　动冰的极限强度

冰的平均温度/℃	流速/(m·s^{-1})	压缩R_a /(t·m^{-2})	弯曲R_w /(t·m^{-2})	局部挤压R_j /(t·m^{-2})	剪切R_e /(t·m^{-2})	拉伸R_L /(t·m^{-2})
< −10	0.5	65	65	150	—	—
	1.0	50	50	125	40~60	70~90
	1.5	45	45	110	—	—

表 2-2（续）

冰的平均温度/℃	流速/(m·s^{-1})	压缩 R_a /(t·m^{-2})	弯曲 R_w /(t·m^{-2})	局部挤压 R_j /(t·m^{-2})	剪切 R_e /(t·m^{-2})	拉伸 R_L /(t·m^{-2})
>−10	0.5	40	40	80	—	—
	1.0	30	30	65	20~30	30~40
	1.5	25	25	50	—	—

2.5　本章小结

本章介绍了冰的基本物理性质、类型及冻结机制，阐述了冰在生成与消融过程中产生的各种冰情现象。利用 GDJS-015 系列高低温交变湿热试验箱对 −55 ℃至室温极低温度范围内冰的导电特性进行了实验研究。结果表明，不同分压电阻将对冰的导电特性产生一定的影响。这项研究扩展和完善了基于空气、冰与水的物理特性差异实现冰情自动检测方法的理论体系，为传感器的改进提供了理论支持。另外，本章还概述了雪的基本特性及类型、静冰及动冰的极限强度。

第3章　冰层厚度及冰界面的监测

3.1　检测原理

通过2.2节中大量的实验反复验证，证明了极低温环境下水在由液体状态向固体状态的结冰过程或由固体状态向液体状态的消融过程中空气、冰和水的等效电阻分布特性。因此，在检测过程中，可通过检测获取的检测电压V_0数值与实验室不同介质等效电阻值对比，判断出两触点间为何种介质。依据这一原理，在对河道冰变化发展检测过程中，可将检测区域内的垂直立体空间划分为空气、冰和冰下水三个具有不同物理特性的区域层，如图3-1所示，N组触点（左边一列为检测触点，右边一列为回线点）将被测空间垂直切割成N个水平的物理参数检测层回路，依次对被测层介质的电阻和温度（R-T）等物理参数进行自动测量，由获得的数据确定被测层的物理状态，进而判断出冰层的上下分界面，计算出冰层的厚度[116-117]。

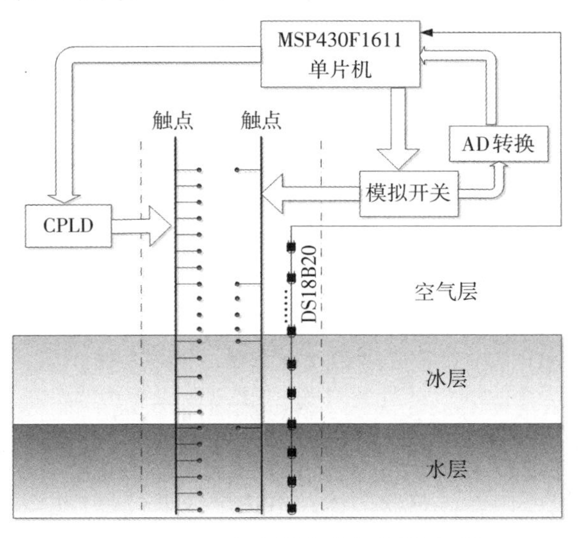

图3-1　R-T冰水情检测传感器原理图

3.2　R-T冰水情监测系统研制

基于空气、冰与水的电阻-温度特性差异检测原理，研制了适用于极低温环境的R-T冰水情监测系统，可实现冰上下界面、冰层厚度及温度剖面的监测。其中，冰下界面也是冰下水位，冰下水位为相对水位，是相对于传感器底端水的位置而言的，可以反映相对水位的变化情况。该系统主要由三部分组成，即R-T冰水情检测传感器、智能冰情检测仪及远程监控中心。其硬件架构图如图3-2所示。

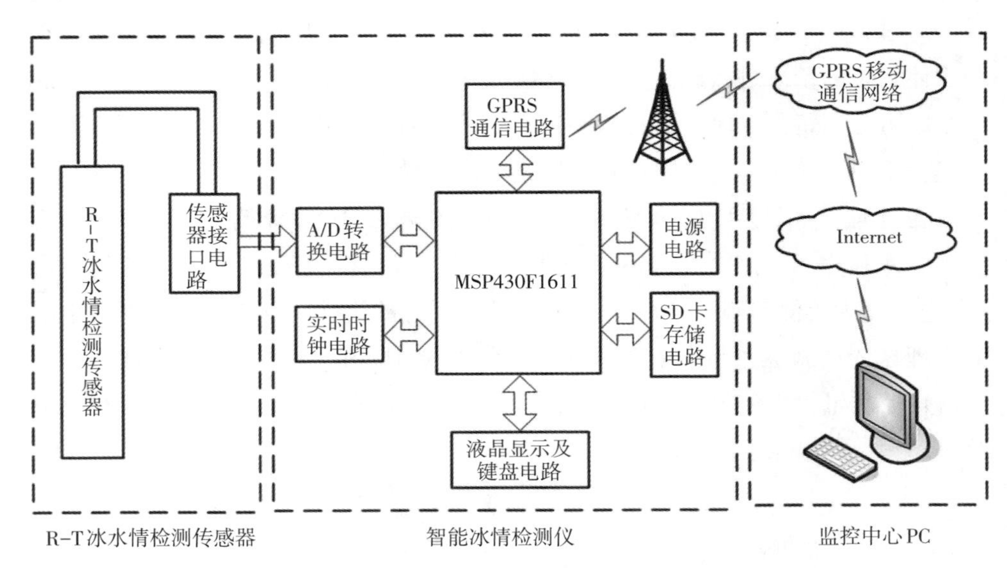

图3-2　R-T冰水情监测系统结构图

3.2.1　R-T冰水情检测传感器

基于空气、冰与水的电阻特性差异检测原理，研制了适用于极低温环境的R-T冰水情自动检测传感器。其结构如图3-3所示。通过可编程逻辑器件CPLD和多路模拟开关ADG732扩展单片机I/O端口，将检测触点与回线点之间空气、冰和水的等效电阻依次分时接入图2-5检测回路中。传感器量程可根据工程实际应用需求确定。以量程为2 m的传感器为例，对其工作模式进行说明。在图3-3中，左边虚线框代表传感器棒体，右边虚线框代表数据采集仪。传感器棒体上部的200个间距为1 cm的不锈钢螺钉作为检测触点（D1 ~ D200），下部的

32个间距为7 cm或5 cm的不锈钢螺钉作为回线点（R1～R32）。传感器的前100个检测触点（D1～D100）依次被接入第一片CPLD的100个引脚中，前16个回线点（R1～R16）被依次接入ADG732的引脚S1～S16中。前70个检测触点（D1～D70）中每7个检测触点与1个回线点相对应。例如，当回线点R1选通时，单片机将控制CPLD依次选通D1～D7。后30个检测触点（D71～D100）中每5个触点与1个回线点相对应。例如，当回线点R11选通时，单片机将控制CPLD依次选通D71～D75。检测触点（D101～D200）依次被接入第二片CPLD的100个引脚中，后16个回线点（R17～R32）被依次接入ADG732的引脚S17～S32中，工作方式与前100个触点方式相同。

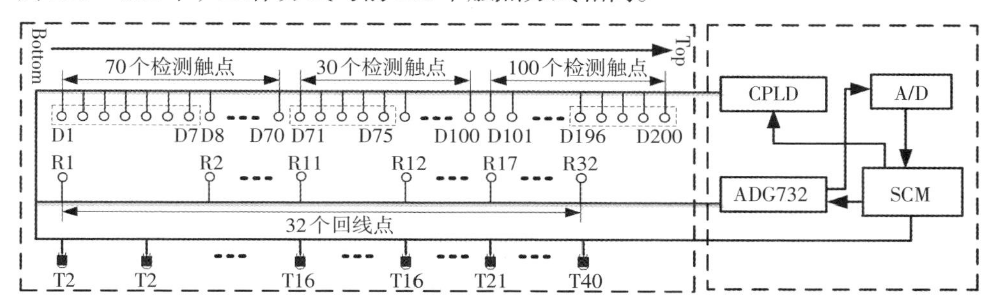

图3-3　R-T冰水情自动检测传感器结构示意图

另外，传感器棒体的侧面还嵌入了40个间距为5 cm温度传感器（T1～T40），用于采集检测区域内的垂直剖面温度并辅助判断冰层厚度及冰的上下界面。检测触点D1、回线点R1、温度传感器T1在同一水平线上。实验表明，检测触点与回线点间的水平距离对输出结果影响不大，实际工艺要求为3 cm。R-T冰水情自动检测传感器实物如图3-4所示。为有效提高传感器的抗冰压强度，传感器内嵌钢架结构，通体采用环氧树脂进行浇注，以达到防水的目的。

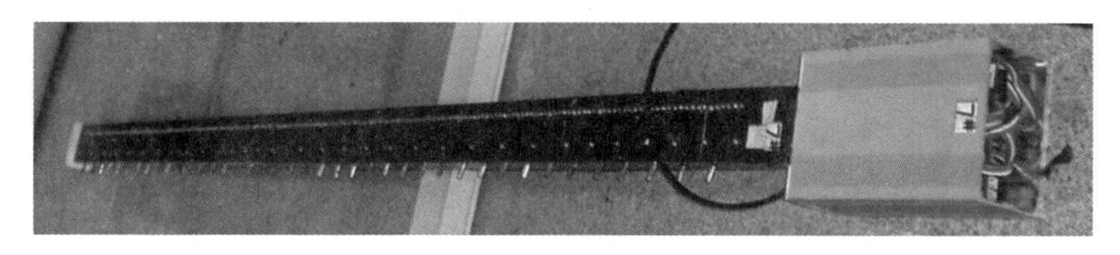

图3-4　R-T冰水情自动检测传感器实物图

3.2.2　智能冰情检测仪

3.2.2.1　硬件电路设计

智能冰情检测仪的硬件电路设计原则为：① 选择具有低功耗功能的电路芯

片；② 选用可应用于极低温环境的器件或模块；③ 选择稳定性好、可靠性高的器件或模块。根据以上设计要求，硬件电路的各个功能单元介绍如下：

（1）MSP430F1611单片机电路。

由于R-T冰水情监测系统的安装地点多位于黄河、黑龙江野外无人的河道岸边或河道中心，安装地环境非常恶劣，常常无市电供应，为保证系统能够长时间稳定运行，选用一款超低功耗微控制器显得尤为重要。MSP430系列单片机是一种超低功耗的16位微控制器芯片，系统在1.8~3.6 V范围内供电，待机电流小于1 μA。结合现场工作环境与微处理器的运算速度、功耗等需求，系统选用MSP430F1611单片机作为主控单元。图3-5为该系统在MSP430F1611单片机的功能分配引脚图。

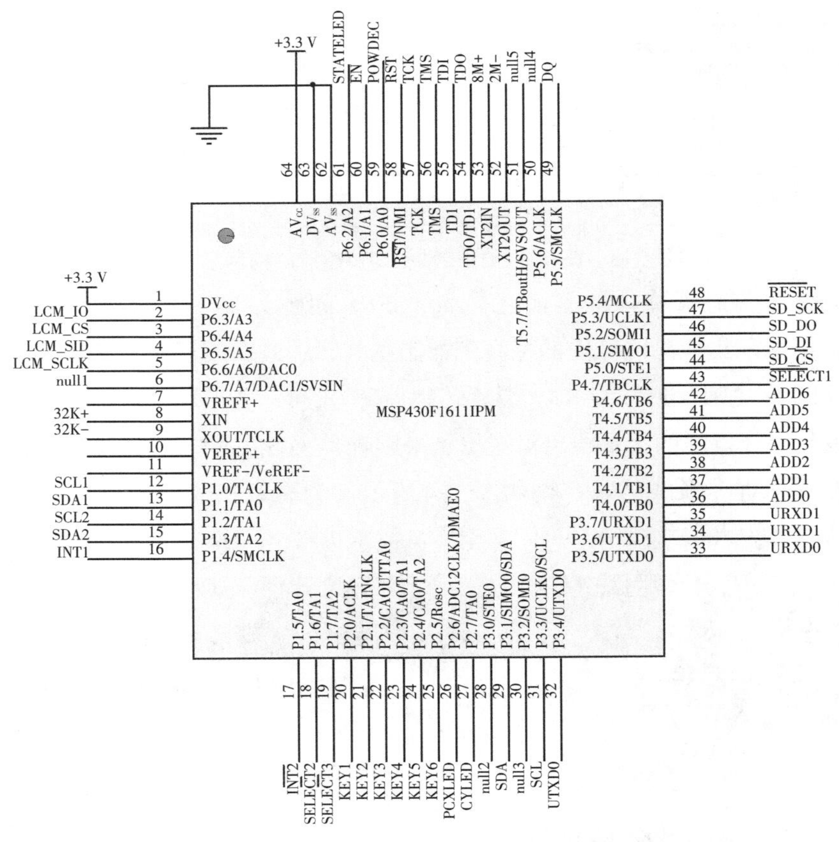

图3-5　MSP430F1611单片机引脚功能描述

MSP430F1611单片机各I/O口在该系统中的具体功能以下：

P1口：P1.0~P1.3分别连接实时时钟芯片SD2200ELPI的SCLE、SDAE、

SCL、SDA引脚，用来控制SD2200的读写操作，P1.4和P1.5用来接收SD2200的分钟中断和报警中断，触发系统完成数据采集任务，或实现定时给监控中心发送实测数据的功能。P1.6被用作检测SD卡是否在线。P1.7为液晶显示模块使能控制端。

P2口：用作接收键盘按键动作信息，触发单片机执行相关指令。

P3口：P3.0与温度传感器信号线连接，完成对温度传感器的控制；P3.1用于连接键盘上的LED数据采集信号灯；P3.2、P3.3分别用于实现与不同A/D转换器的I^2C通信；P3.4 ~ P3.7完成与SD卡控制芯片CH376S和GPRS无线数传模块的异步串行通信。

P4口：CPLD与ADG732的译码控制信号端。

P5口：实现SD卡读写操作，连接CPLD和硬件看门狗电路的复位端。

P6口：P6.2、P6.7分别连接第二路电源和GPRS的控制端，P6.1连接CH376S复位引脚，其余端口连接CPLD的片选信号引脚。

（2）实时时钟电路设计。

考虑到MSP430F1611单片机没有实时时钟，所以需要外部时钟的支持。系统选用SD2200ELPI实时时钟芯片，该时钟芯片是一种高精度实时时钟芯片，具有内置晶振、支持I^2C总线的优势。该芯片时钟精度为±5 pm，即年误差小于2.5 min；芯片工作电压范围为3.0~5.5 V，工作温度范围为−40~85 ℃；SD2200ELPI内置电池可使用5年左右，满足系统设计需求。

SD2200ELPI实时时钟芯片在本系统中用来实现两路中断功能：数据采集触发中断和数据发送触发中断，其电路原理图如图3−6所示。从图中可以看出，SD2200的SDA、SCL、SDAE、SCLE、INT1和INT2引脚连接到MSP430F1611单片机的P1口上，完成相应的

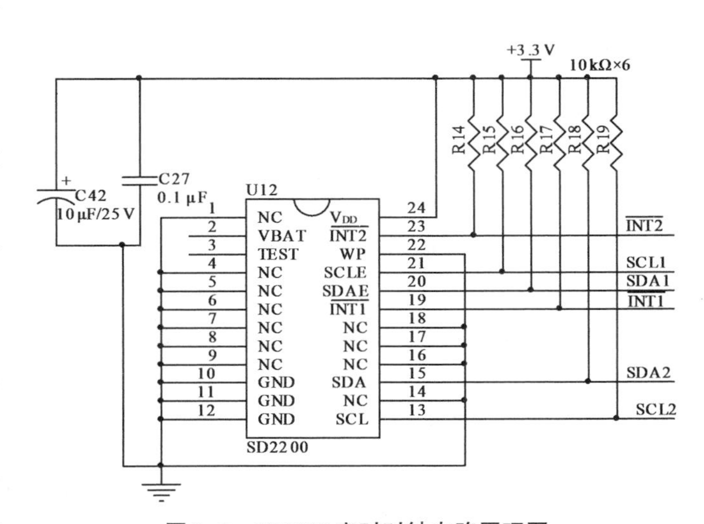

图3−6　SD2200实时时钟电路原理图

读写操作和中断功能。

（3）A/D转换电路。

MSP430F1611单片机内部自带的A/D转换模块精度只能达到12位分辨率，无法满足设计需求，因此选用具有16位分辨率的ADS1100作为外部A/D转换电路芯片。ADS1100采用I²C串行接口，以电源电压作为参考电压，工作电压为2.7~5.5 V。最大增益为8的可编程增益放大器使得在高分辨情况下也能采样到小信号。另外，ADS1100具有一次转换结束后自动关闭自身电源的功能，可极大减少系统在空闲周期的电流消耗。A/D转换电路原理图如图3-7所示。

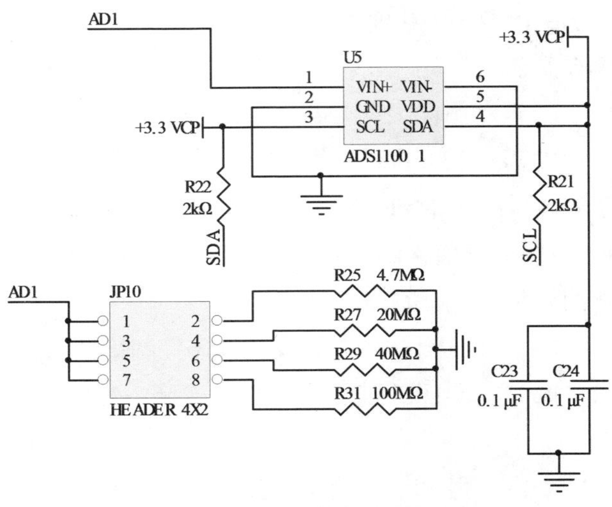

图3-7　A/D转换电路原理图

MSP430F1611单片机与ADS1100通过I²C总线接口通信，连接到该总线上的器件可通过SDA和SCL互相通信。

我们在第2章中介绍过，R-T冰水情检测传感器通过检测分压电阻上的电压值来间接判断被测介质的物理状态，这验证了分压电阻的重要性。因此，为便于在不同的应用需求中自如地选择不同的分压电阻，需使用一个拨码开关，当拨通一路开关后，从4.7，20，40，100 MΩ四个电阻中选择一个作为分压电阻。

（4）SD卡存储电路设计。

本系统选用SD卡完成实测数据的存储。采用CH376S作为系统外部SD卡存储的文件系统管理芯片。CH376S作为文件管理控制芯片，用于单片机系统读写U盘或者SD卡中的文件。CH376S支持三种通信接口：8位并口、SPI接口或者异步串口，控制器可以通过以上任何一种通信接口控制CH376S芯片来存取U盘、SD卡中的文件或者与计算机通信。CH376S最高可支持容量为32 GB的U盘或SD卡。工作电压为3.0~3.6 V或者4.3~5.3 V。另外，CH376S支持低功耗模式，可利用单片机控制芯片进入休眠模式，而由休眠状态唤醒也只需几毫秒，极大地降低了系统功耗。另外，MSP430F1611单片机通过UART异步串行通信方式控制CH376S对SD卡进行读写操作。SD卡存储电路原理图如图3-8所示。

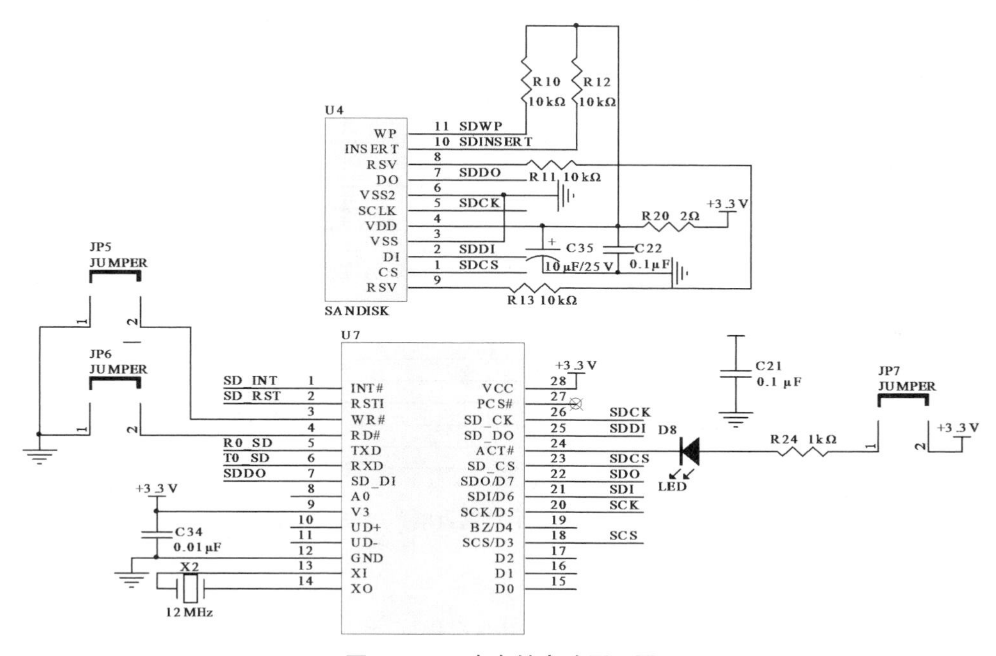

图3-8　SD卡存储电路原理图

单片机通过SD INSERT管脚检测SD卡在线状态，每次数据存储完成后，通过“CMD_ENTER_SLEEP”指令使其进入休眠状态，需要对SD卡进行读写操作时再通过初始化指令将其唤醒，大大降低了系统的整体功耗。

（5）液晶显示及键盘电路设计。

本系统采用LCM12232液晶模块和小键盘模块来完成人机对话。液晶显示选用点阵字符，实现实时时间、检测电压、温度、冰层厚度、冰下水位以及其他参数设置信息的显示。液晶显示模块具有功耗低、寿命长、可靠性高的特点。键盘电路采用矩阵式结构，并采用6键键盘，包括方向键（“↑”“↓”“←”“→”）、功能键（“F”）和确认键（“Enter”）。为提高CPU效率并降低功耗，使用中断方式实现键盘输入。液晶显示模块及键盘与单片机的接口电路如图3-9所示。

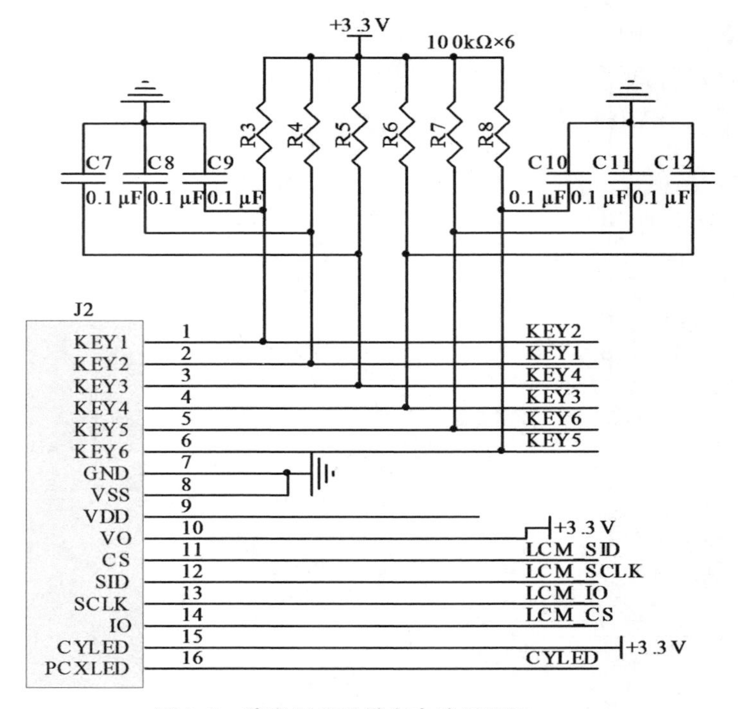

图3-9 液晶显示及键盘电路原理图

（6）电源控制电路设计。

本系统采用12 V蓄电池供电及太阳能供电系统。系统包括两路电源：第一路为不间断供电电源，用来为智能数据检测仪供电；第二路为可控电源，用来为传感器供电。当到达数据采集时间时，单片机控制接通该路电源；待采集完成后，断开该路电源。电源控制电路原理图如图3-10所示。

第一路电源选用LT1129-3.3作为主控芯片，该芯片电压为3.8~30 V，稳定输出电压3.3 V，工作状态下，静态电流仅为50 μA，关断后静态电流为16 μA，满足系统低功耗要求。第二路电源之所以设计为可控电源，是因为实际应用时传感器的工作模式为每1小时进行一次数据采集，而实际采集数据的时间仅为1分钟左右，剩余的时间传感器都处于不工作状态。若在剩余时间内关断传感器电源，系统的整体功耗又将得到很大程度的降低。第二路电源选择LM2575-3.3集成稳压电源芯片，芯片电源为4.75~40 V，稳定输出电压3.3 V。该芯片的ON/OFF引脚与单片机的P6.7连接，传感器进行数据采集时，由单片机输出低电平，打开第二路电源，为传感器供电；采集工作完成后，电平被拉高，第二路电源关闭。

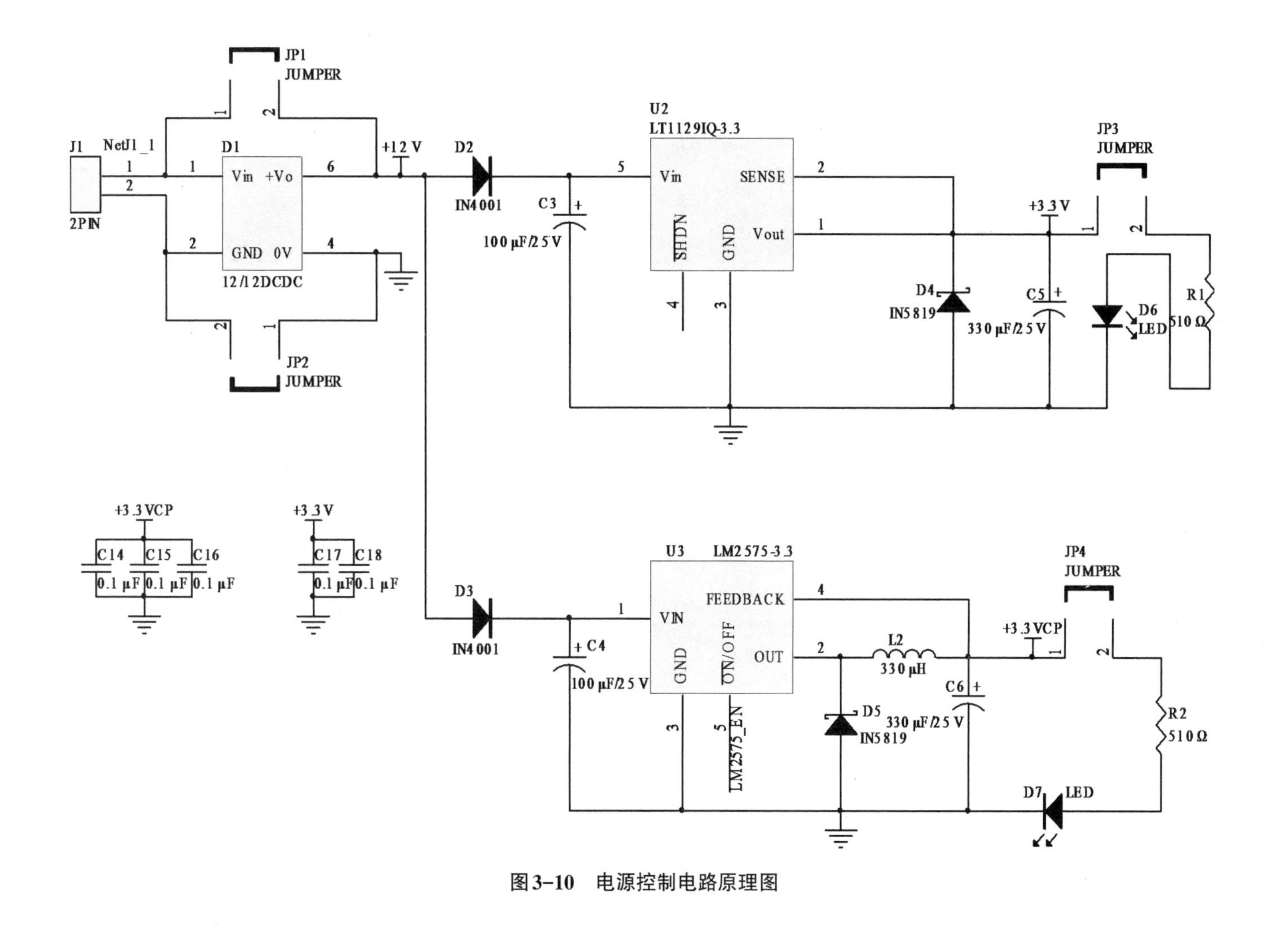

图3-10　电源控制电路原理图

（7）电源监测电路。

为保证系统正常工作，选用MAX809S作为系统电源监测芯片，用来监控单片机系统的电源电压。当电源电压过低或过高而不能正常工作时，MAX809S将对系统进行复位操作。MAX809S的复位阈值为2.93 V。当电源低于其预设值时，复位芯片会拉低微处理器复位引脚来复位系统。电源监测电路原理如图3-11所示。另外，为实现手动复位，电路中增加了一个复位按钮。

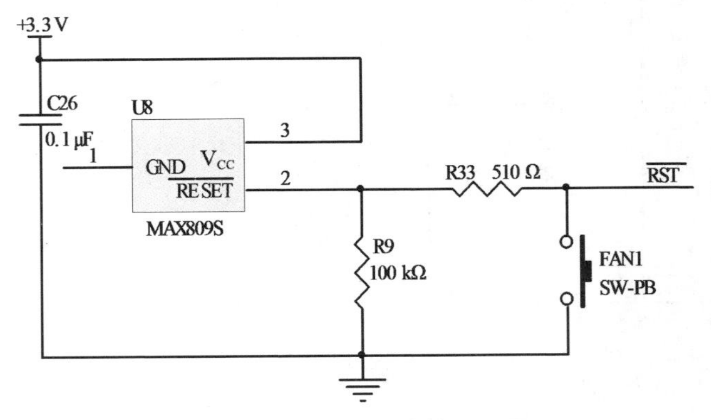

图3-11 电源监测电路原理图

（8）数据通信电路。

智能冰情检测仪与上位机的通信是通过GPRS模式完成的。GPRS模式是将单片机处理过的有效数据发送到GPRS无线数传模块，由GPRS无线数传模块将数据打包成IP数据包并发送到GPRS网络，再通过GPRS网络与外部网络的接口传送到Internet，并最终到达连接在Internet中的远程监控中心。智能冰情检测仪与GPRS无线数传模块的通信通过RS232通信协议完成。系统中的串口芯

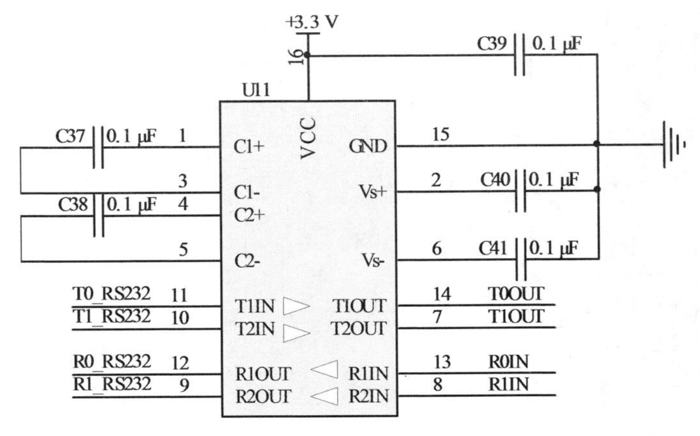

图3-12 数据通信电路原理图

片选用的是MAX3232，其与单片机的接口电路如图3-12所示。

另外，由于GPRS无线数传模块的静态功耗高达10 mA，远高于系统处于低功耗状态时的整体功耗，若使其长期处于在线状态，将大大增加系统的整体功耗。因此，电路设计时需对无线数传模块的上电时间进行控制，传输数据时，打开其供电电源使其上线，否则关闭供电电源。为此，设计了如图3-13所示的GPRS无线数传模块电源控制电路。其中，U13为4N32光电耦合器，U14为DS2Y-S-12V继电器，继电器有两路开关，两路开关的一端分别连接12V电源的正、负极，另一端连接无线数传模块电源正、负端，由单片机通过光电耦合器4N32控制继电器两路开关的吸合，达到控制无线数传模块电源通断的目的。

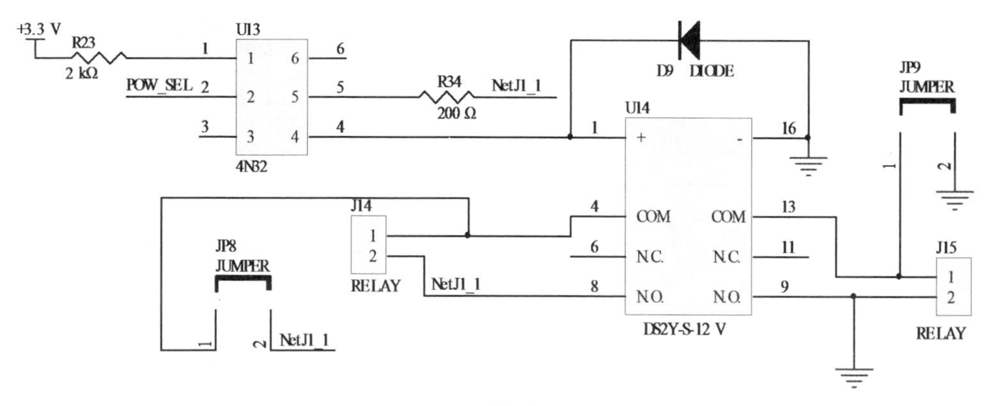

图3-13　GPRS无线数传模块电源控制电路原理图

3.2.2.2　软件程序设计

R-T冰水情监测系统根据各个模块的功能不同，采取了模块化的程序设计方式。各模块子程序统一由主程序协调调用，不仅提高了CPU运行效率，使程序设计、调试和维护等操作简单化，而且便于程序管理，提高了系统运行的稳定性，有利于后期程序进行功能扩展。接下来将对主程序及各子程序的设计思路作详细介绍。

（1）主程序设计。

系统进入主程序后，首先对各个变量和模块进行初始化设置，待初始化设置完成后进入休眠状态，等待中断唤醒。系统处理完中断事件后将再次进入休眠状态进行等待，直至下次中断发生。初始化程序包括系统时钟初始化，液晶初始化，采集周期、发送周期等相关参数初始化，键盘初始化，存储初始化以及AD模块、定时器、通信端口等外设的初始化。系统主程序流程图如图3-14所示。

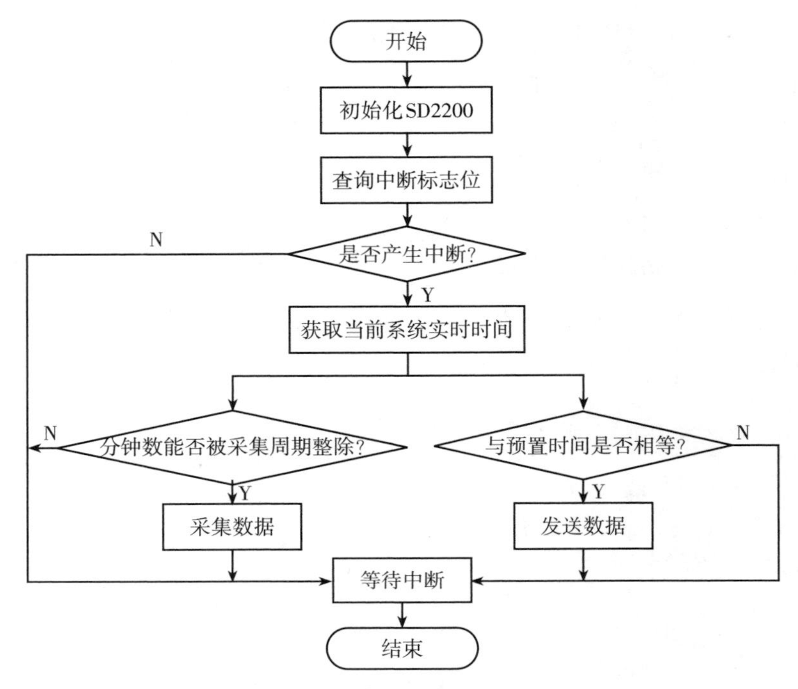

图3-14　系统主程序流程图

系统进入主程序之后，首先完成各变量及模块的初始化设置，然后检测数据采集标志位或者数据发送标志位是否为“1”，若数据采集标志位置为“1”，主程序调用数据采集程序并进入数据采集状态。待数据采集完成后，开始检测SD卡是否在线。若在线，则进行数据存储，否则进入休眠状态等待唤醒。若数据发送标志位置为“1”，则继续判断当前SD卡是否在线。若在线，则读取SD卡数据，将数据发送至远程监控中心，完成后程序进入休眠状态并等待下次唤醒。

（2）数据采集程序设计。

数据采集程序的功能是完成传感器上200个检测电压和40个温度数据的采集，并根据实际采集到的数据完成冰层厚度的计算及冰上下界面的判定。

① 电压采集程序。

电压采集程序主要负责传感器上200个检测电压的采集。MSP430F1611单片机控制P4口的8个I/O端口输出不同的译码信号，通过CPLD和ADG732依次选通200个检测触点和32个回线点，完成200个检测电压的采集。P4口输出的8位译码信号负责控制CPLD相应的检测触点，其中P4.3~P4.7输出的5位译码信号负责控制ADG732，选通相应的回线点。200个检测电压值将依次送入A/D转换电路中，完成数字信号的转换，最后送入单片机进行处理。

② 温度采集程序。

温度采集程序负责传感器上40个温度数据的采集。每个DS18B20都分配了一个独一无二的64位序列号，多个DS18B20可同时工作在一条总线上，实现多点温度采集。将DS18B20序列号依次存放在单片机程序表格中，通过查表法匹配对应的温度传感器，获得对应的温度值。多点温度采集子程序流程如图3-15所示。

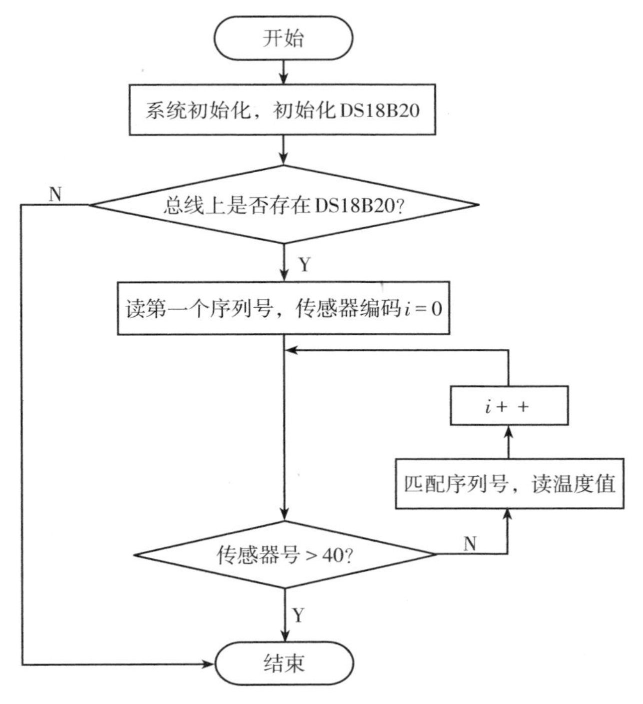

图3-15　多点温度采集子程序流程图

③ 数据处理程序。

数据处理程序主要负责对采集到的200个检测电压及40个温度值进行分析，从而计算空气-冰分界面及冰-水分界面，进而计算出冰层厚度及冰下水位。

理想情况下，传感器使用3.3 V电源供电，分压电阻选择15 MΩ时，水中的检测电压为2.0 ~ 3.3 V，空气中的检测电压约为0.36 V，而冰层中的检测电压为0.40～2.0 V。基于统计学中变点分析原理，编写了“最小二乘法变点冰水情数据处理算法”，用来完成冰层厚度及冰上下界面的判断。

统计学中，变点是指模型中的某个或某些量起突然变化之点[118]。均值变点是变点分析问题中最常见的一种，目的是找到数据期望突变的点。冰水情数据中各个触点的检测电压值在不同介质中期望存在明显差异，空气与冰、冰与水的分界面可以看作被测介质发生突变的“变点”，因此适合用均值变点法来进行数据处理[119]。

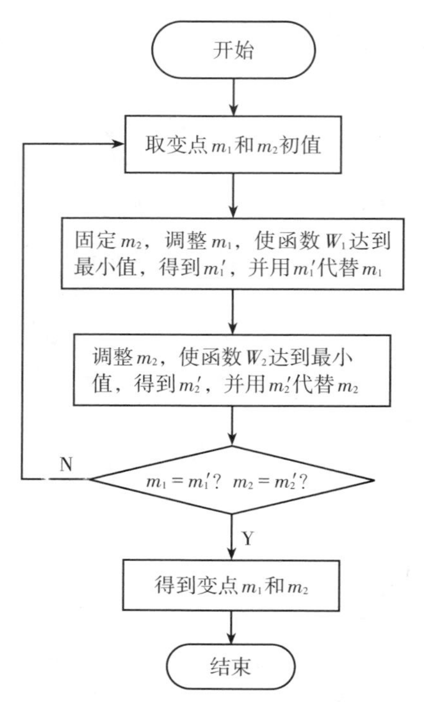

图3-16　最小二乘法变点冰水情数据处理算法流程图

最小二乘法的变点分析是将实测数据和期望数据之差的平方和作为目标函数，对使目标函数达到极小值的点进行的点估计。该方法不需要了解各个区间数据的具体分布函数，运算量不算太大，便于编程实现。最小二乘法变点冰水情数据处理算法流程如图3-16所示。

整个算法是通过逐步调整m_1和m_2的值来使目标函数W达到最小，从而求得最终变点，具体过程分为4个步骤：

第一步，取m_1、m_2的初始值，使得$1<m_1<m_2<200$。由于m_1和m_2最终估计结果是逐步调整逼近的，故初始值不影响最终结果，仅仅影响逐步调整的次数。在程序中，为了使m_1在第一次估计时取值离真实的变点较近，取m_1=2，m_2=199。

第二步，取函数$W_1=\sum_{i=1}^{m_1-1}(x_i-Y_1)^2+\sum_{i=m_1}^{m_2-1}(x_i-Y_2)^2$，固定$m_2$，在$1\leqslant m_1\leqslant m_2$范围内调整$m_1$，使$W_1$达到最小。记此时的$m_1$为$m'_1$。

第三步，用m_1'代替m_1带入函数$W_2=\sum_{i=m_1}^{m_2-1}(x_i-Y_2)^2+\sum_{i=m_2}^{200}(x_i-Y_3)^2$，类似上一步，在$m_1'\leqslant m_2\leqslant 200$范围内调整$m_2$，使$W_2$达到最小，得到$m_2'$。

第四步，用m_1'代替m_1，用m_2'代替m_2，重复上述第二步和第三步，直到

$m_1'=m_1$，$m_2'=m_2$。此时所得的m_1和m_2即为所求的最终变点。

由于系统所求变点个数最多有两个，故往往只需重复2～3次即可找到变点，程序计算量不大，易于实现。

（3）数据存储程序设计。

前文中已经提到，MSP430F1611单片机需要通过外围文件管理控制芯片CH376S对SD卡进行读写操作，完成对数据的读写操作。本系统中涉及的对SD卡的操作主要包括两部分：一是数据采集完成后，单片机通过调用相关写操作函数将采集到的数据存入SD卡中；二是进行数据远程发送时，单片机通过调用相关读操作函数将存储在SD卡中的数据发回监控中心。不进行读写操作时，CH376S处于休眠状态，等待单片机唤醒。其程序流程图如图3-17所示。

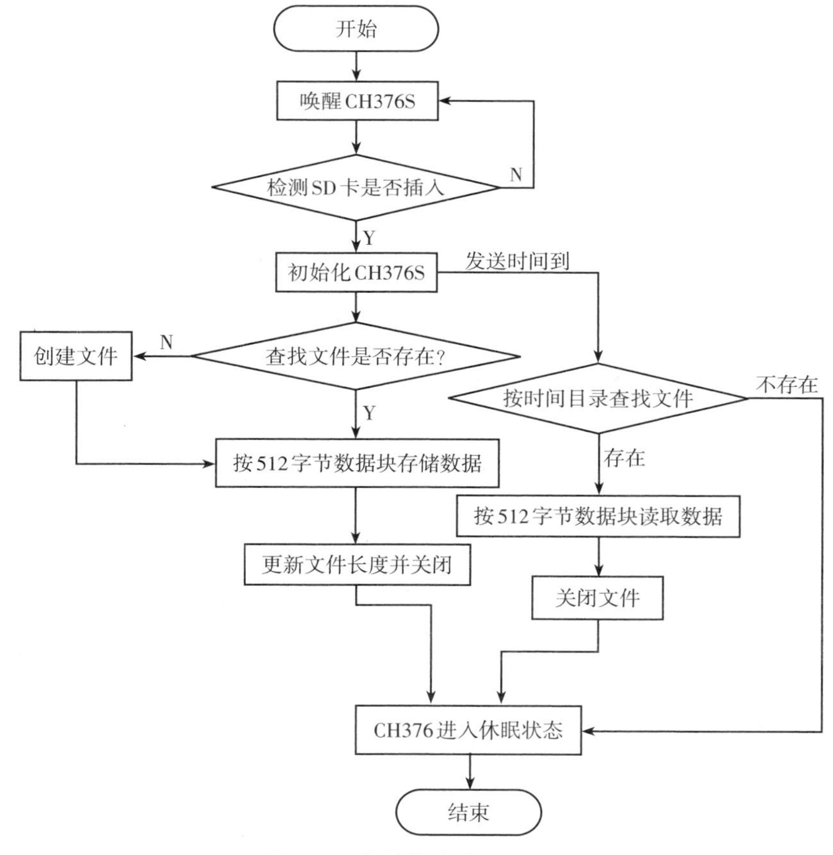

图3-17　存储程序流程图

（4）实时时钟中断程序设计。

实时时钟中断程序主要用来触发数据采集时间和数据发送时间。系统正常工作时一直处于低功耗运行状态，等待定时中断事件的发生。实时时钟模块通过INT1和INT2触发系统工作，分别将INT1和INT2配置成分钟中断和报警中断。分钟中断首先设定系统的采集周期（60分钟内），当系统实时时间的分钟数能够被所设定的采集周期整除时，INT1中断引脚输出一个低电平信号，此时MSP430F1611单片机从低功耗状态转入工作状态，开始采集数据。报警中断首先设定数据发送时间，包括小时数和分钟数，当系统的实时时间与设定的数据发送时间相同时，INT2中断引脚输出一个低电平信号，MSP430F1611单片机系统退出低功耗状态，GPRS无线数传模块上电并开始发送数据。实时时钟模块中断程序流程如图3-18所示。

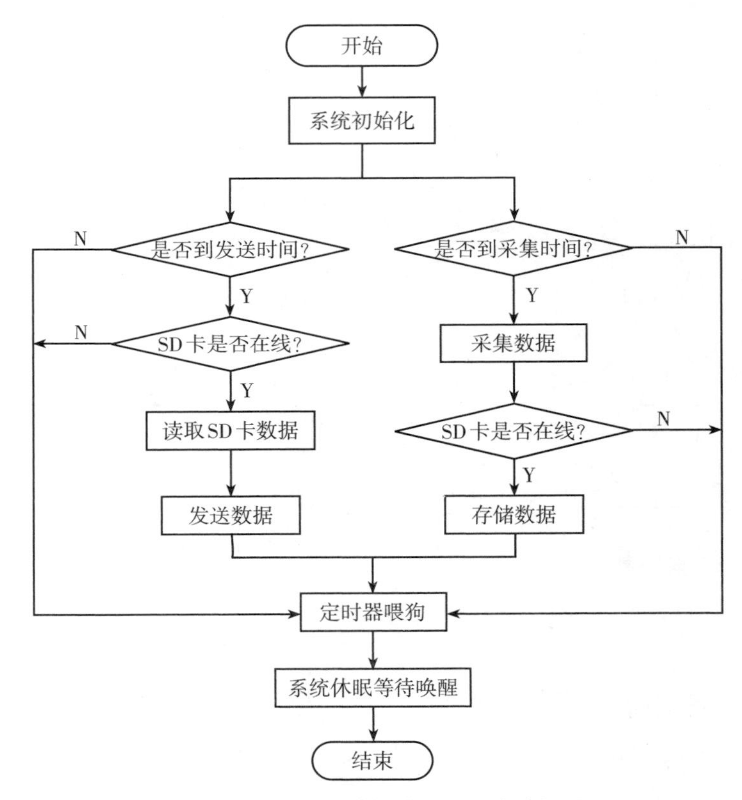

图3-18　实时时钟模块中断程序流程图

（5）数据通信程序设计。

数据通信程序主要负责将采集到的数据依据所设定的时间发送回监控中心，或者通过监控中心向单片机发送相应指令，单片机执行相应指令返回相关数据。发送数据的时间设定为每天9:00和16:00，系统将前一天采集到的数据发回监控中心。另外，为了实现监控中心与智能冰情检测仪的交互功能，系统还设计了一套远程通信指令。通过监控中心向单片机发送相关指令，可实现实时数据及历史数据的调取，修改GPRS无线数传模块的上电时间、上电时长，GPRS无线数传模块即时掉电等功能。表3-1为相关通信指令及其功能介绍。

表3-1 系统远程通信指令及功能列表

命令格式	命令功能	备注
set 0	GPRS无线数传模块掉电	
set 1 today	调取今天数据	
set 1 date ######	调取某天全天数据	以2015年1月1日为例，命令格式为set 1 date 150101
set 3 last ##	设置GPRS无线数传模块上电持续时间	以上电持续为50分钟为例，命令格式为set 3 last 50
set 4 first ##	设置GPRS无线数传模块第一次上电时间（小时）	以第一次上电时间为9:00为例，命令格式为set 4 first 09
set 4 second ##	设置GPRS无线数传模块第二次上电时间（小时）	以第二次上电时间为16:00为例，命令格式为set 4 second 16
set 4 minute ##	设置GPRS无线数传模块上电分钟数	以上电分钟数为10分钟为例，命令格式为set 4 minute 10
set 4	查看上电持续时间	
set 5	采集实时数据并返回	
set 6	获取系统时间	

3.2.2.3 系统整体功耗测试

由于系统长期处于野外的恶劣环境中，无市电供应，因此实现系统的低功耗是系统设计必须考虑的重要原则之一。前文的叙述中多次提到为降低系统整体功耗所采取的诸多措施，包括选用带有低功耗功能的MSP430F1611单片机，选用LM2575构成可控电源电路，选用具有休眠功能的文件管理控制芯片CH376S，选用光电耦合器4N32和继电器DS2Y-S-12V构成可控的无线数传模块电源控制电路等。表3-2以采集周期为1小时为例，对系统处于不同工作状态时的功耗情况进行说明。

表3-2　不同工作状态时的系统功耗

工作状态	工作电流/A	工作时长/h
休眠状态	1.15×10^{-3}	24
采集、存储数据状态	0.06	1.6
GPRS无线数传模块在线状态	0.06	2
GPRS无线数传模块发送数据状态	0.3	0.1

根据表3-2所示数据，可大致估算出系统的平均功耗为0.0114 A，蓄电池的容量为13 Ah，考虑电池的转换效率等因素，在无太阳能供电系统或供电系统故障的情况下，系统至少可持续工作20天。

3.2.3　远程监控中心

基于LabVIEW 2009开发了远程监控中心上位机界面，如图3-19所示。

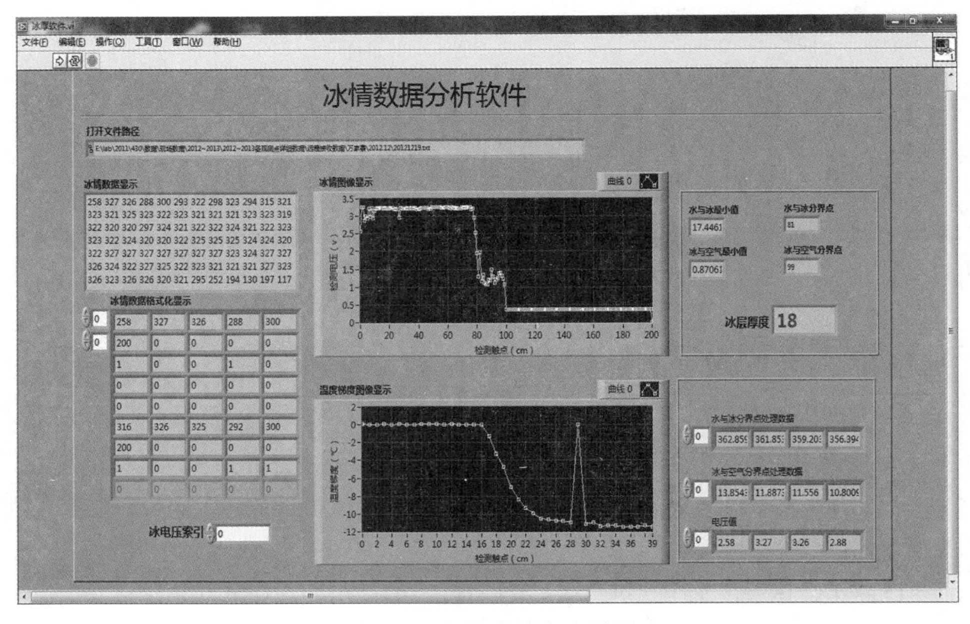

图3-19　远程监控中心界面

该界面的主要功能为，通过读取冰情数据文件，将文件中的冰情数据以数组形式读出，并通过最小二乘法对数据进行分析处理，绘制出冰层厚度、温度剖面图像，计算出空气和冰的分界面、冰和水的分界面、冰层厚度，并将结果以电子文档存档。该软件为冰水情数据的后续处理软件，与R-T冰水情检测传感器配套使用，可为各种需要监测冰水情的水域提供简便的数据分析手段，具有简单直观、容易实现的优点。

3.3 黄河河道固定点冰厚现场监测数据分析

太原理工大学冰情检测课题组与黄河水利科学研究院通过多次学术交流、探讨，实地勘测调研，结合黄河河道冰、水情野外观测现场工作的条件，商定了2011—2014年冬季冰情连续观测方案，4年间曾分别在三湖河口水文站、包头水文站、头道拐水文站、万家寨水库、磴口水文站、蒲滩拐水文站共6个冰情观测点进行了冰情观测试验。其中，由于磴口水文站于2012年进行了基建工作，当年不具备安装条件，且2011—2012年设备故障，采集到的数据不够完整。蒲滩拐水文站位置偏远，与其他水文站距离较远，设备维护与安装不方便，采集到的数据也不够完整，2012年之后没有继续进行冰情观测，因此本书中将不再对磴口水文站和蒲滩拐水文站采集到的数据作详细分析。2011—2014年冰情观测期内，我们选择了三湖河口水文站、包头水文站、头道拐水文站及万家寨水库4个冰情观测点安装R-T冰水情监测系统，且获得了冰变化发展过程中比较完整的冰水情数据，以下将选择其中3个观测点采集到的部分典型数据分别进行分析。河道封冻后，传感器所采集到的冰水情数据包括：冰层厚度、冰上下界面、近冰面空气温度、冰层内部温度及冰下水温。

3.3.1 三湖河口水文站现场监测数据分析

3.3.1.1 三湖河口水文站监测环境及系统安装情况

黄河三湖河口水文站地处内蒙古自治区乌拉特前旗乌拉山镇三湖村，地理坐标为东经108°46′27″，北纬40°36′19″，至河口距离2302 km，集水面积为347909 km^2，占流域面积的46%，是黄河内蒙古河段防凌防汛的主要控制站。目前测验项目有水位、冰厚、流量、水温、气温、冰凌、降水、蒸发、水环境检测等。

该站测验端面布设在弯道下游水流较为集中、相对易于测验的河段，河床由粉砂组成，端面冲淤变化大，主流摆动频繁，流向变化较大。由于受冲淤变化、洪水涨落、冰凌、流向等多种因素影响，水位-流量关系稳定性差，呈多线条临时曲线。

该站地处干旱半干旱地区，多年平均降水量为237.8 mm，且主要集中在

6—9月；多年平均蒸发量为1517.7 mm；多年平均径流量为223.5亿m^3，约占黄河径流量的39%；多年平均输沙量为1.08亿t，约占黄河输沙量的7%。径流主要来自黄河干流兰州以上，洪水主要集中在汛期7—9月，洪峰特点是历时长、涨落缓慢、峰型矮胖；泥沙主要来自青铜峡以上，有时也受水库排沙的影响，水沙过程大体相应。受刘家峡、龙羊峡水库多年调节和宁夏、河套灌区引水的共同影响，水沙量明显减少。另外，该站也是各种凌情现象的首发和重点河段，年均封冻天数达100天。

传感器的安装一般选择在岸边或河道中心。岸边的传感器可选择在河道未结冰前进行安装，这样可以完整地记录冰演变过程中冰层厚度等冰情数据的变化情况。而河道中心的传感器必须待河道封冻之后，人可以在冰上安全行走后进行安装；河道临近开河之前，需将传感器撤回，因此安装于河道中心的传感器记录的是河道封冻之后至临近开河前的冰情数据。在河道中心进行传感器安装时，首先使用凿冰工具在选择好的安装位置凿开一个直径约为20 cm的冰孔，然后将冰孔中的碎冰捞出，将传感器放入冰孔中。为防止传感器掉入冰孔中，可使用两根木条将传感器固定在冰面上，待冰孔再次封冻后，再将固定木条取走。

2011—2014年三湖河口水文站冰情监测系统安装情况如下：

2011年12月1日在岸边安装了一套R-T冰情监测系统，编号为“三湖河口2011-RT1#”，意为2011—2012年度安装于三湖河口水文站的1号R-T冰水情监测系统。由于2011年安装的传感器开河前未撤回，2012年春季开河后传感器受到开河流凌撞击遭到破坏，2012年10月19日在岸边原位置重新进行了安装（编号为“三湖河口2012-RT1#”），并于2013年1月5日三湖河口河段封河后，在河道中心安装了另外两套冰情监测系统。其中一套为R-T冰水情监测系统（编号为“三湖河口2012-RT2#”）；另一套为温度链监测系统，编号为“三湖河口2012-T1#”，意为2012—2013年度安装于三湖河口水文站的1号温度链监测系统。对于温度链监测系统采集到的数据将在第4章进行详细分析。2013年2月15日，因河道开河，工作人员将河道中心传感器撤回。2013—2014年度三湖河口水文站只有岸边一套R-T冰水情监测系统（三湖河口2013-RT1#）进行了冰情数据观测试验。图3-20所示为2011—2013年三湖河口水文站冰情观测点传感器安装与运行照片。

(a) 三湖河口2011-RT1#

(b) 三湖河口2012-RT2#

(c) 三湖河口2012-T1#

图3-20　2011—2013年三湖河口水文站观测点河道冰封期冰情监测系统安装与运行照片

3.3.1.2　监测数据分析

对数据进行分析之前，首先要对R-T冰水情监测系统SD卡所存储的数据格式进行说明。现场数据处理仪对冰水情传感器进行全量程定时（每隔1小时）数据采集记录，每天可采集到24组数据。

按照我国水文观测规范，本章中所涉及的数据均为每天8:00采集到的冰情数据，若因系统故障，8:00数据丢失，则采用就近原则选择相关数据分析。SD卡内存储的冰情原始数据格式，以某观测点2012年12月23日8:00数据为例，如表3-3所示。

表3-3　冰水情原始数据存储格式

2012.12.23（数据采集日期）
274 326 326 300 298 290 312 293 323 293 321 321 323 323 325 324 323 324 321 322 322 323 323 320 323 321 321 287 323 321 322 321 323 321 321 323 324 321 323 322 321 322 324 325 325 324 325 320 321 327 327 327 327 327 327 327 323 324 326 327 326 325 322 327 325 322 323 321 322 321 327 325 327 309 282 098 060 058 080 099 102 101 128 109 121 130 120 121 125 104 109 097 114 130 110 089 081 094 095 087 045 036 036 036 036 036 036 036 036 036 036 036 036 036 036 036 036 036 036 036 036 036 036 036 036 036 036 036 036 036 036 036 036 036 036 036 036 036 036 036 036 036 036 036 036 036 036 036 036 036 036 036 036 036 036 036 036 036 036 036 036 036 036 036 036 036 036 036 036 036 036 036 036 036 036 036 036 036 036 036 036 036 036 036 036 036 036 036 036 036 036 036 036 036 036 036 036 036 036 036 （200个检测电压值）
0100 0075 0025（依次为冰上界面、冰下界面、冰层厚度）
+001 +000 +000 +000 +001 +001 +000 +000 +001 +001 +001 +000 +001 +000 +000 +000 −015 −030 −050 −067 −108 −180 −201 −215 −227 −231 −233 −233 −235 −000 −235 −235 −239 −240 −241 −245 −243 −243 −240 −241（40个温度值）
08:00（数据采集时间）

表中数据包括数据采集日期、200个检测电压值、冰上界面、冰下界面、冰层厚度、40个温度值、数据采集时间。为简化程序编制过程，检测电压值扩大了100倍，例如检测电压值为“324”，实际检测电压值为“3.24 V”；温度值扩大了10倍，例如温度值为“-243”，实际温度值为“-24.3 ℃”。“0100、0075”分别表示经冰情数据处理算法判断得出的冰上界面和冰下界面所对应的检测触点位置，即冰上界面为100 cm处、冰下界面为75 cm处。“0025”表示冰层厚度为25 cm，即冰上界面位置减去冰下界面位置。由2.2节分析可知，当分压电阻为15 MΩ时，空气、冰和水的检测电压分别为0.36 V左右、0.40~2.0 V、2.0~3.3 V，人工判断冰层厚度为26 cm。与冰情数据算法结果相差1 cm，在允许误差范围内，符合工程应用需求。依据以上经过处理的检测电压值获得的冰层厚度与温度曲线如图3-21所示。

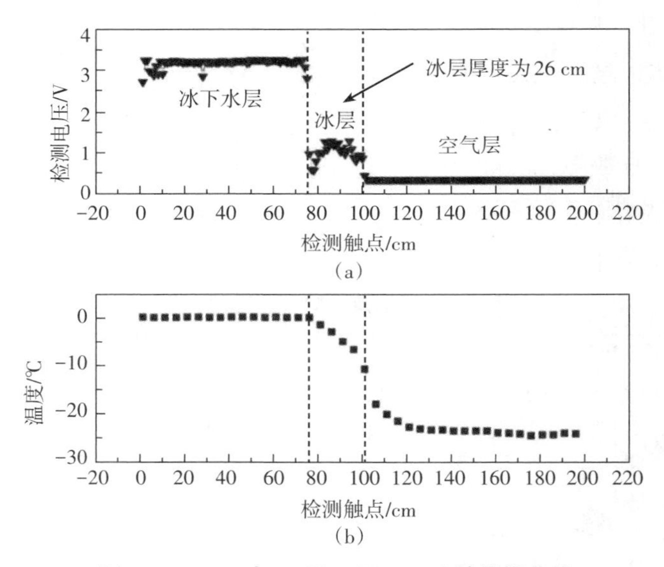

图3-21　2012年12月23日8:00冰情数据曲线

从图3-21可以看出，通过检测电压值可精确区分冰上表面及冰下表面的位置，并计算出冰层厚度，同时可以看出冰下水层、冰层及空气层的温度分布情况。另外，温度值也可作为判定冰上、下界面的辅助手段。由表3-3分析可知，水中的温度不低于0 ℃，而冰中的温度则低于0 ℃。

“三湖河口2011-RT1#”监测系统自动记录了2011年12月14日—2012年3月1日冰变化过程中冰层厚度、冰上界面、冰下界面及温度剖面的变化趋势。由于现场安装地点的限制，安装初期传感器安装位置偏高，2011年12月14日以前，水位未涨到传感器的最低采集点；12月14日以后，传感器才正常采集冰水情数据。

从图3-22（a）中可以看出，冰层厚度经历了先增加后减小的过程，符合河道冰层的生长规律。冰层内部温度整体趋势为先降低后升高。另外，在冰的整个变化过程中，冰层厚度于2012年2月2日达到最大值56 cm，冰层内部温度在2012年1月23日达到最低值-7.4 ℃。从图3-22（b）中可以看出，通过冰上界面位置减去冰下界面位置可以计算出冰层厚度。待河道封冻后，冰上界面位置基本保持不变。冰情观测期间，同冰层内部温度变化趋势类似，临近冰面空气层温度整体变化趋势为先降低后增加，气温在2012年1月22日达到最低值-21.8 ℃。而冰下水层温度变化稳定，几乎保持在0.1 ℃左右。

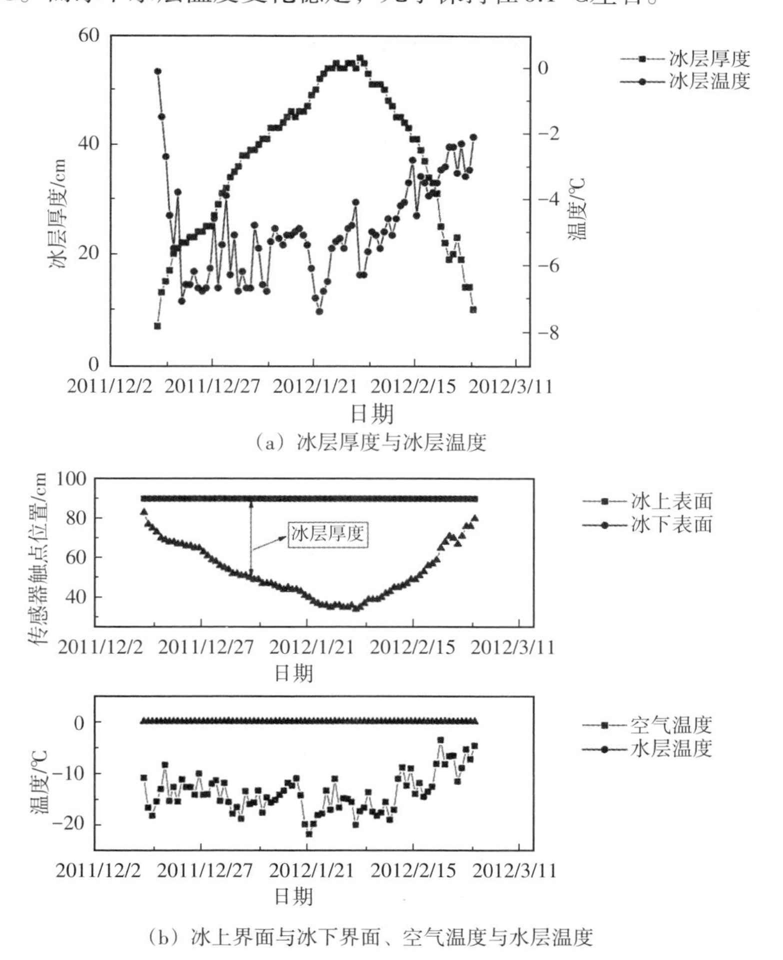

（b）冰上界面与冰下界面、空气温度与水层温度

图3-22　2011年12月14日—2012年3月1日三湖河口水文站RT1#冰水情数据曲线图

图3-23所示为冰层厚度达到最大值前，冰层生长过程中冰的日生长率数据曲线。文献［69］提出了冰生长率的计算公式，其中，h_i为冰层厚度，t_j为首次测量时间，t_{j+1}为下次测量时间。

$$f=\frac{h_i(t_{j+1})-h_i(t_j)}{t_{j+1}-t_j} \tag{3-1}$$

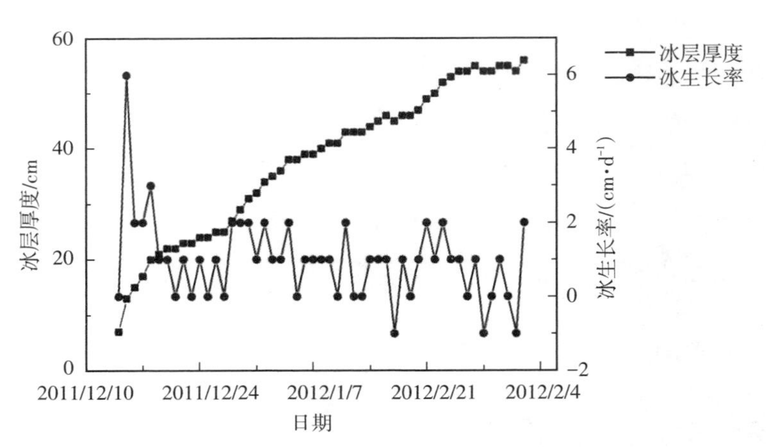

图3-23　2011年12月14日—2012年2月2日三湖河口水文站RT1#测得的冰生长率曲线

分析图3-23可知，冰生长初期冰生长率出现一次峰值，冰厚增长达到6 cm。这是因为设备在安装时会破坏监测点周围冰层，因此从凿洞安装设备到设备周围环境重新冻结期间，传感器无法测得传感器周围冰层的真实情况，所测冰层厚度低于真实厚度，而随着周围环境的重新冻结，反映为冰层厚度的快速增长。2011年12月19日以后，冰厚增长速度进入稳定期，增长速度稳定在1~2 cm/d，直至2012年2月2日达到最大冰厚值。

为了验证传感器测量数据的可靠性，在传感器周边2 m范围内共进行了18次人工凿冰冰厚测量。图3-24给出了钻孔与传感器同时间的冰厚测量结果，它们之间的偏差为0～1 cm，与人工测量数据基本一致。

图3-25所示为2013年1月6日—2月14日三湖河口水文站RT2#监测系统所采集到的冰水情数据曲线图。2013年1月5日待河道封冻后在河道中心进行了传感器安装与调试工作，1月6日开始观测，直至2月14日临近开河时观测结束。由于温差过大造成SD存储卡与卡槽接触不良，1月7日—1月8日数据没有正常存储，进行现场维修工作后，1月9日系统恢复正常工作。

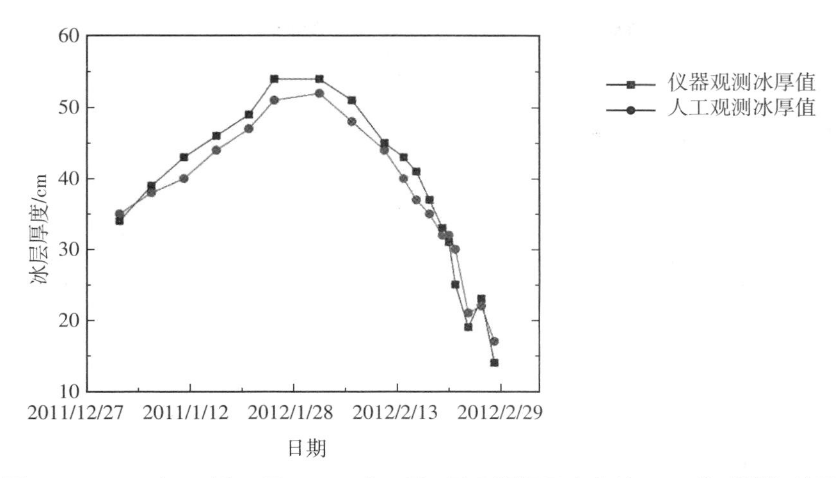

图3-24　2011年12月14日—2012年3月1日三湖河口水文站RT1#传感器与钻孔现场冰厚测量结果比较

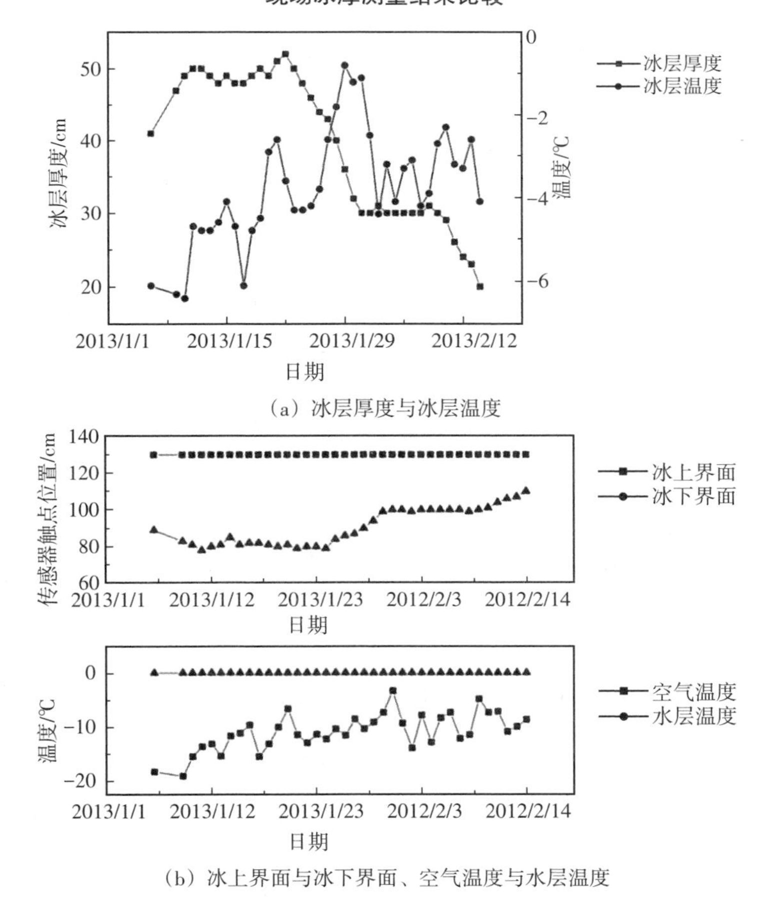

（b）冰上界面与冰下界面、空气温度与水层温度

图3-25　2013年1月6日—2013年2月14日三湖河口水文站RT2#冰水情数据曲线图

从图3-25（a）可以看出，该观测点在2013年1月22日测得冰层厚度最大值为52 cm，冰层内部最低温度为-6.4 ℃。从图3-25（b）可以看出，与岸边测到的冰上表面数据一致，河道中心冰上表面位置几乎没有发生变化。冰下表面经历了先降低后升高的过程，证明河道中心的冰是向下生长的。受气温和河流冲刷的影响，与水接触的冰首先融化，冰下水位在冰消融过程中逐渐升高，使得冰层逐渐变薄。另外，空气温度在1月9日最低，为-19.1 ℃，而冰下水层的温度始终维持在0.1 ℃左右。

图3-26所示为RT2#所测得的冰的日生长率数据曲线。从图中可以看出，冰生长初期冰生长率出现一次极大值，冰厚增长达到6 cm，产生这种现象的原因与RT1#相同。由于观测是河道封冻之后开始进行的，因此观测期间冰厚增长速度已经从生长初期进入稳定期，增长速度稳定在1~2 cm/d，待冰厚于2013年1月22日达到最大值后，冰层开始进入消融期，日消融1~2 cm，最多可达到4 cm。

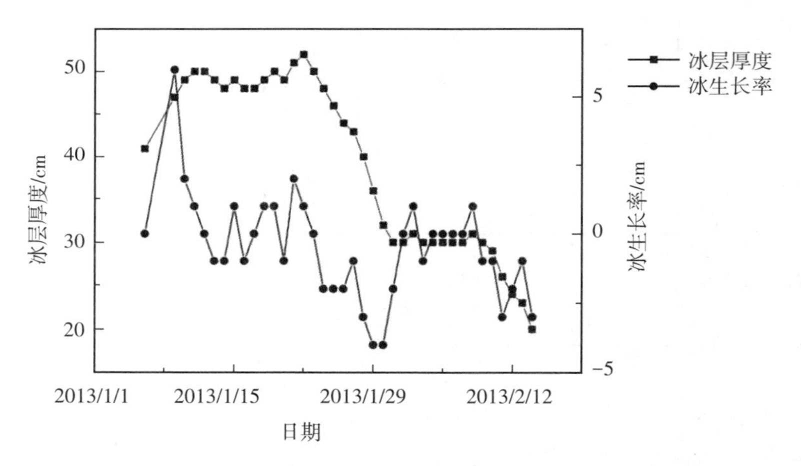

图3-26　2013年1月6日—2013年2月14日三湖河口水文站RT2#测得的冰生长率曲线

3.3.2　头道拐水文站现场监测数据分析

3.3.2.1　头道拐水文站监测环境及系统安装情况

黄河头道拐水文站地处内蒙古自治区托克托县中滩乡麻地壕村，地理坐标为东经111°03′45″，北纬40°16′03″。至河口距离2002 km；集水面积367898 km²，占流域面积的40%，是黄河上中游水沙变化的主要转折点、控制站，地理位置非常重要。

该水文站地处干旱半干旱地区，多年平均降水量为345.0 mm，且主要集中在6—9月；多年平均蒸发量为1308.7 mm；多年平均径流量为211.4亿m^3，约占黄河径流量的38%；多年平均输沙量为1.04亿吨，约占黄河输沙量的7%。径流主要来自黄河干流兰州以上，洪水主要集中在汛期7—9月，洪峰特点是历时长、涨落缓慢、峰型矮胖；泥沙主要来自青铜峡以上。受刘家峡、龙羊峡水库多年调节和宁夏、河套灌区引水的共同影响，汛期基本无洪水发生。年最大流量通常出现在1月中下旬的开河流凌期，年均封冻天数达100天。

2012—2014年头道拐水文站冰情监测系统安装情况如下：

2012—2014年头道拐冰情监测系统均安装在河道中心。2013年黄河头道拐河段封冻后，1月5日在头道拐水文站观测点进行了设备的安装与调试，如图3-27（a）、（b）、（c）所示。在河道中央同一断面上共安装了3套R-T冰情监测系统，监测系统间距约为20 m，如图3-27（d）中箭头所指方向，这也反映了头道拐河道同一断面上冰情的分布情况。3套R-T冰情监测系统依据离岸边距离由近到远依次编号为“头道拐2012-RT1#”“头道拐2012-RT2#”“头道拐2012-RT3#”。2013年3月5日河道临近开河前，工作人员对传感器进行了拆除。2014年1月8日河道封冻后在该观测点河道中央同一断面上共安装4套冰情监测系统，其中2套为R-T冰水情监测系统，2套为温度链监测系统。4套冰情监测系统依据离岸边距离由近到远依次编号为“头道拐-2013-RT1#”“头道拐-2013-RT2#”“头道拐-2013-T1#”“头道拐-2013-T2#”。各监测系统间距约为20 m，如图3-27（e）中箭头所指方向。2014年3月16日，由于河道开河，工作人员对传感器进行了拆除。

（a）河道中央凿冰

（b）系统调试

（c）系统安装完成

（d）安装在河道同一断面的3套冰情传感器

（e）安装在河道同一断面的4套冰情传感器

图3-27　2012—2014年头道拐水文站观测点河道冰封期冰情监测系统安装与运行照片

3.3.2.2　监测数据分析

"头道拐2012-RT1#""头道拐2012-RT2#""头道拐2012-RT3#"监测系统自动记录了2013年1月8日—3月4日头道拐河段同一断面上冰层厚度、冰上界面、冰下界面及温度的变化趋势。

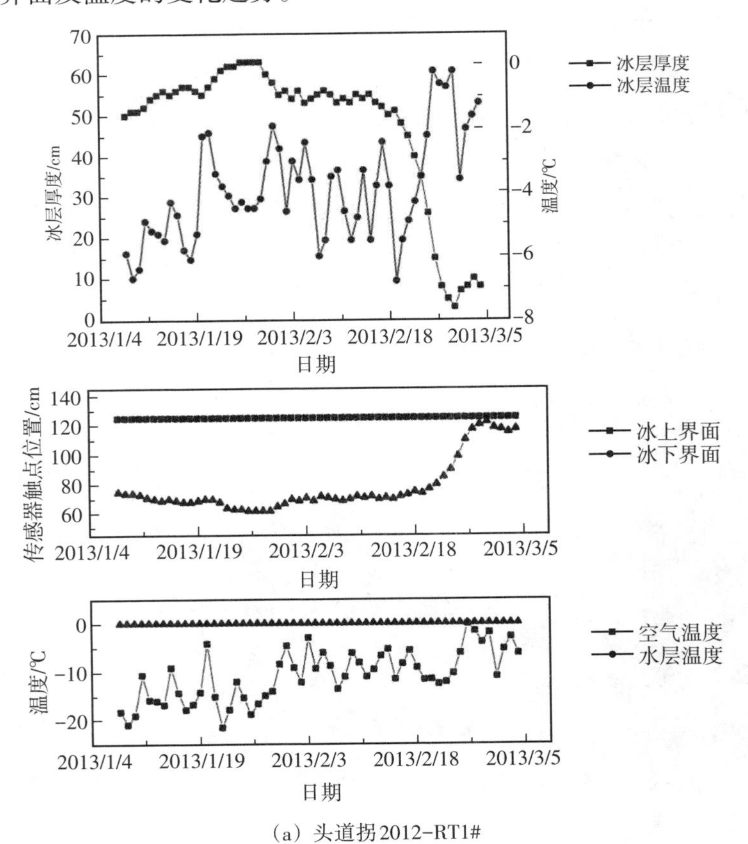

（a）头道拐2012-RT1#

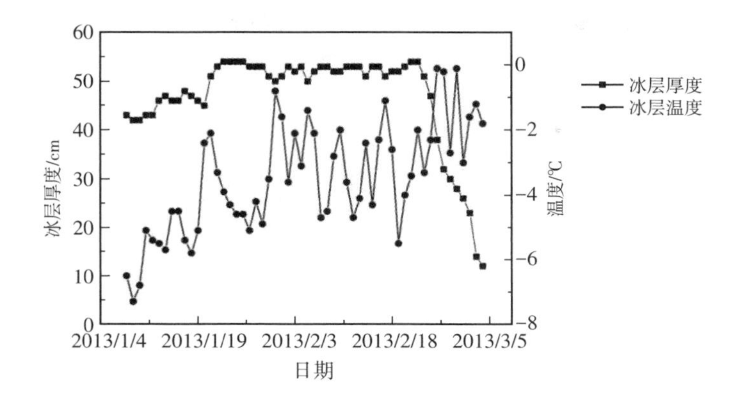

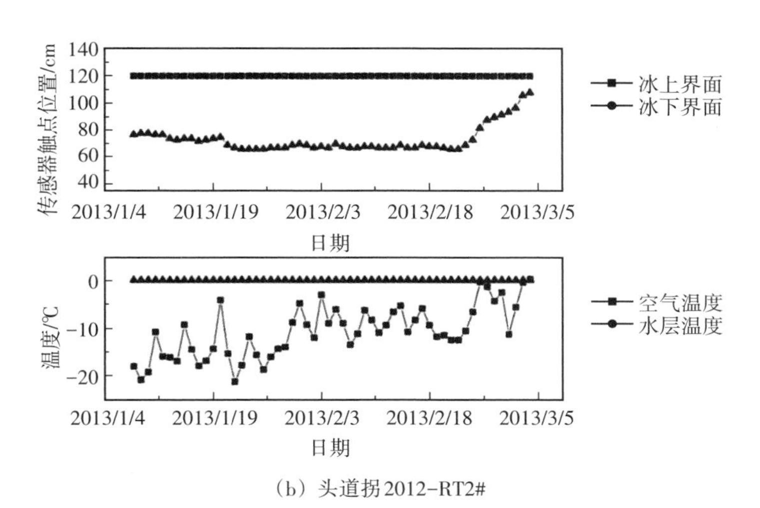

（b）头道拐2012-RT2#

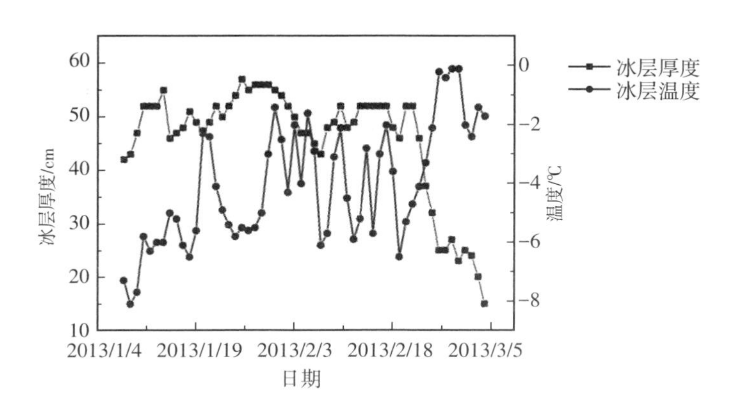

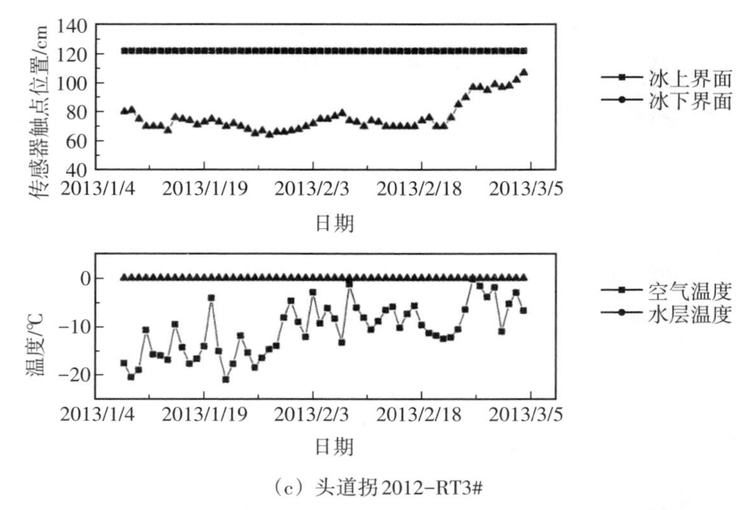

（c）头道拐2012-RT3#

图3-28　2013年1月8日—2013年3月4日头道拐水文站冰水情数据曲线图

图3-28（a）、（b）、（c）分别为2013年1月8日—3月4日头道拐水文站3套R-T冰情监测系统采集到的冰水情数据曲线图。从图中可以看出，该观测点在2013年1月26日测得冰层厚度最大值，RT1#、RT2#、RT3#传感器测得的冰厚最大值分别为63，57，54 cm，这表明同一断面冰层厚度存在一定差异，也表明一般情况下，靠近岸边测得的冰厚值略大于远离岸边的冰厚值。安装在河道中央的传感器冰面位置几乎保持不变，同一断面上冰下水位的变化趋势一致。另外，由图可知，冰情观测期间，3套系统采集到的临近冰面最低空气温度均出现在2013年1月26日，分别为-21.5，-21.3，-21 ℃。3套系统采集到的空气温度、冰层温度变化趋势一致，与三湖河口水文站、包头水文站一样，冰下水层温度均保持在0.1 ℃左右，这从另一方面验证了监测系统的可靠性。

3.3.3　万家寨水库现场监测数据分析

3.3.3.1　万家寨水库监测环境及系统安装情况

黄河万家寨水库位于黄河北干流上段托克托至龙口河段峡谷内，其左岸为山西省偏关县，右岸为内蒙古自治区准格尔旗，是黄河中游八个梯级规划开发的第一个。万家寨水库流域面积39.48万km^2，多年平均径流量248亿m^3，多年平均流量790 m^3/s，多年平均输沙量1.49亿吨；年供水量14亿m^3，其中向内蒙古自治区准格尔旗供水2.0亿m^3，向山西平朔、大同供水5.6亿m^3，向太原供水

6.4亿m^3。该水库发电后，电力分别接入山西及蒙西电网。

2011—2014年万家寨水库冰情监测系统安装情况如下：

2011—2014年每年均在万家寨水库中央的渔船上安装1套R-T冰情监测系统进行冰情观测。2011年12月20日待水库封冻后，进行了冰情监测系统的安装试验，编号为“万家寨-2011-RT1#”。2012年3月11日万家寨水库工作人员对传感器进行了拆除。其中，由于太阳能电池故障，2012年2月10—13日、17日、18日数据漏采。2012年12月12日，在原观测位置进行监测系统的安装，编号为“万家寨-2012-RT1#”。2013年3月16日，对传感器进行了拆除，系统运行期间运行稳定并采集到完整的现场冰水情数据。2014年1月2日，万家寨水库封冻后仍在原位置进行了系统的安装，编号为“万家寨-2013-RT1#”。2014年3月6日，课题组成员与万家寨水库工作人员对传感器进行了拆除。2月21日以后，由于船体漏油严重，传感器附近冰面不能冻结，导致测量值比实际值偏小，此时已不能真实反映水库实际冰情，因此系统采集的冰情数据与库区人工观测的冰情数据出现不符。图3-29为2012—2013年万家寨冰情观测点传感器安装与运行照片。

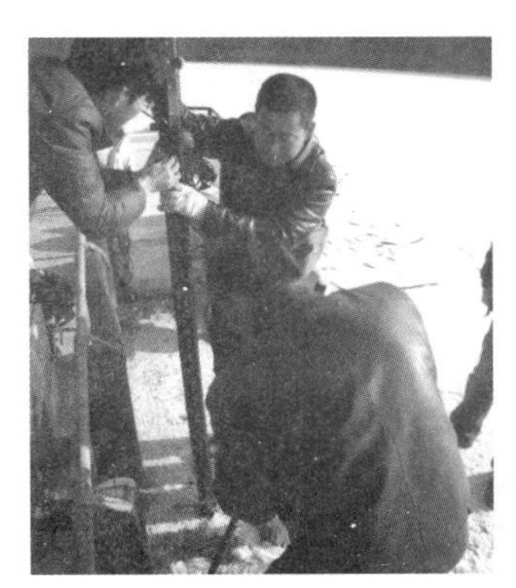

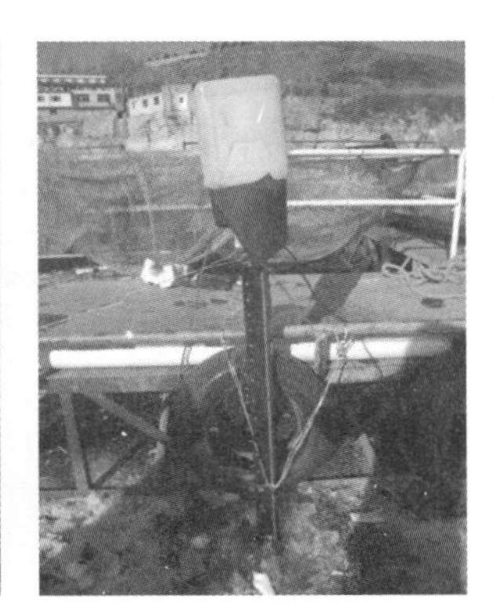

图3-29 2012—2013年万家寨水库观测点冰封期传感器安装与运行照片

3.3.3.2 监测数据分析

“万家寨-2012-RT1#”监测系统自动记录了2012年12月11日—2013年3月15日万家寨水库冰情观测点冰层厚度、冰上界面、冰下界面及温度的变化趋势，如图3-30所示。

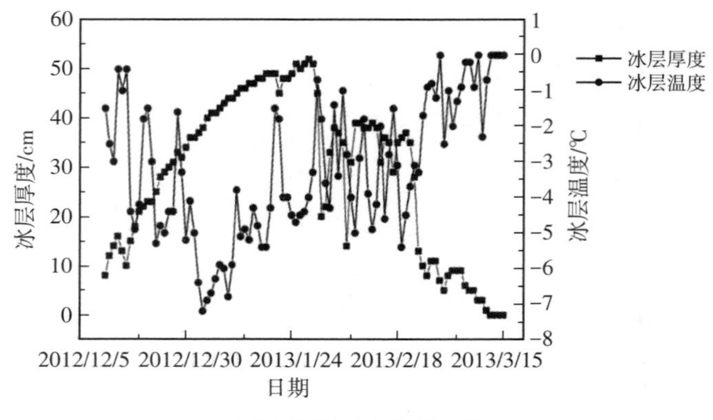

（a）冰层厚度与冰层温度

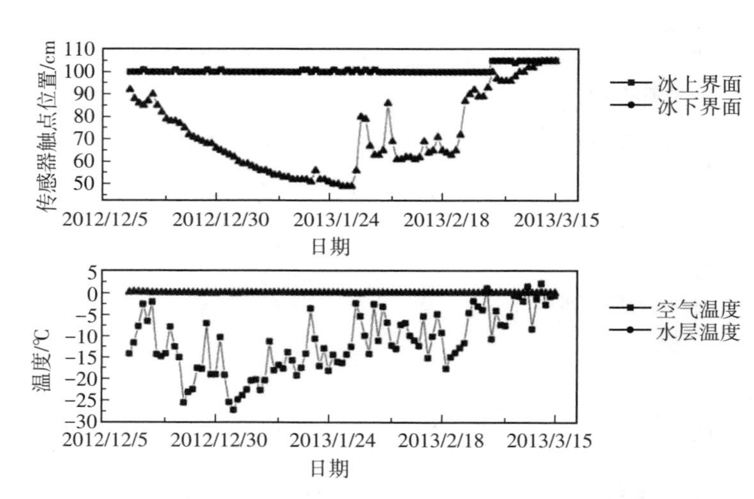

（b）冰上界面与冰下界面、空气温度与水层温度

图3-30　2012年12月11日—2013年3月15日万家寨水库RT1#监测系统冰水情数据曲线图

从图3-30（a）可以看出，冰层厚度于2013年1月28日达到最大值53 cm，冰层内部温度最低值为-7.2 ℃。在冰消融过程中，冰层厚度出现过两次大幅度的波动，表现为先大幅减小后逐渐增加。这是由于冰融化期间，冰体本身比较疏松，再加上固定传感器的船体被人为扰动，才使得传感器周围的冰层厚度大幅度减小，停止干扰后随着温度降低，冰层重新冻结。从图3-30（b）中可以看出，同河道中心冰上界面变化规律一致，水库中冰上界面基本保持不变。冰情观测期间临近冰面最低气温为-27.2 ℃，冰下水层温度保持在0.1 ℃。

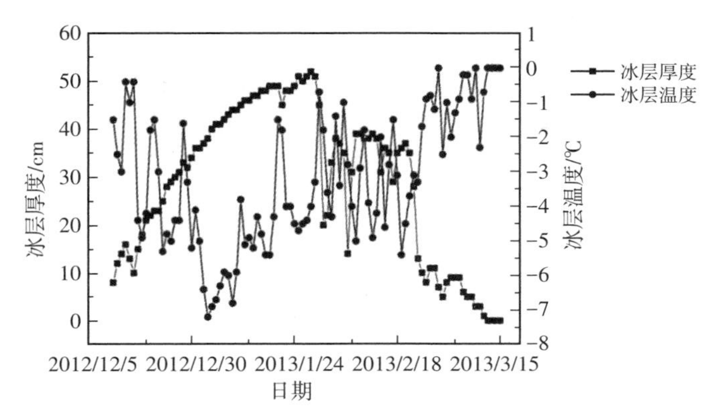

图3-31　2012年12月11日—2013年3月15日万家寨水库RT1#测得的冰生长率曲线

图3-31所示为万家寨水库RT1#监测系统测到的冰的日生长率数据曲线。从图中可以看出，冰生长初期，日生长率范围为1~5 cm/d，2013年1月1日之后，冰生长进入稳定期，日平均增长1 cm。

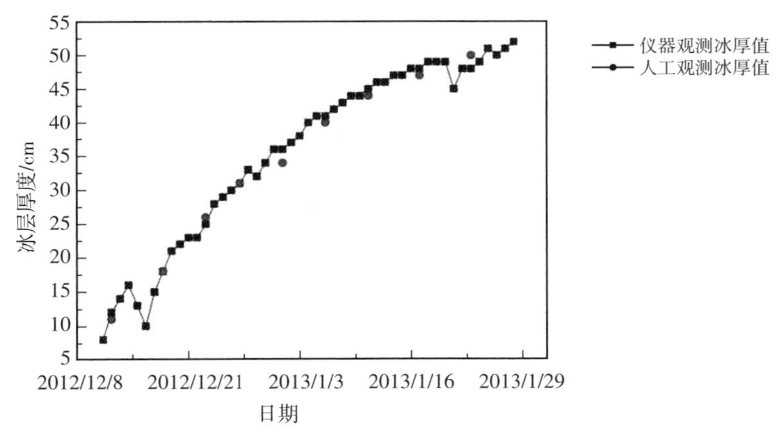

图3-32　2012年12月11日—2013年3月15日万家寨水库RT1#传感器与钻孔现场冰厚测量结果比较

为验证传感器测量数据的可靠性，在传感器周边2 m范围内共进行了9次人工钻孔冰厚测量。图3-32为人工观测钻孔与传感器测量的冰厚测量结果对比，两者的偏差为0~2 cm，由此可认为该系统工作有效，传感器获得的数据是可靠的。

3.4 黑龙江河道固定点冰厚现场监测分析

3.4.1 现场观测环境介绍

2013年太原理工大学冰情检测课题组与黑龙江大兴安岭签订了合作协议，确定2013年冬到2014年春在我国最北端的漠河水位站进行冰情观测试验。漠河水位站始建于1957年5月，是我国地理位置最北的水文监测站，位于大兴安岭地区漠河市北极村，东经122°21′39.7″，北纬53°28′38.0″，集水面积385000 km^2，是黑龙江干流上游水位控制站、中央报汛站。测站断面距河口2781 km。河流特性为山溪性河流，河道比降为2.47‰。测站河段顺直长约2000 m，河床组成为河卵石，左岸（俄罗斯边界）为高山控制，右岸为堤防控制。测站基面为假定基面，警戒水位96.50 m，保证水位97.60 m。观测项目包括降水、水文、水温、冰情等。

漠河水位站地处寒温带气候区，夏季温热多雨，冬季严寒漫长。多年平均气温-5.5 ℃，极端最高气温39.8 ℃（2010年6月24日），极端最低气温-51.5 ℃（1969年2月13日），无霜期91天左右，年日照时数约2440小时。

该站降水年内、年际分配都不均匀。年内6—9月降水占年降水量的75%。年际最大降水量是最小降水量的2.3倍。多年平均降水量429.8 mm，历年最大年降水量624.7 mm（1984年），历年最小降水量267.5 mm（2007年），历年最大日降水量129.9 mm（1984年7月31日）。

该站洪水属雨雪混合补给型，具有凌汛、春汛和夏汛之分。凌汛特征是陡涨陡落、过程较短；春汛洪水主要是春季流域内集中降水和融雪而成的洪水；夏汛洪水是由流域内大范围、高强度、长历时暴雨而形成，主要来源于上游额尔古纳河和石勒喀河，特点是洪水峰高量大，历时长。本站历年最高水位102.55 m（1958年7月13日），历年最低水位89.05 m（2004年11月10日）。

黑龙江漠河江段一般从10月下旬左右出现流凌，于11月中旬封冻，次年四五月开江，封冻期长达6个月。由于受强烈的降温影响，封江形式多为立封。部分年份春季开江时，如果升温较快、河段冰蓄量较大且出现倒开江，往往会产生严重的冰凌灾害，如1985年。该站多年平均封江日期11月12日，多年平均开江日期4月30日，历年最大冰厚1.46 m（1958年），平均最大冰厚

1.05 m。

2013—2014年漠河水位站冰情监测系统安装情况如下：

2013年12月20日黑龙江漠河江段封冻后进行了监测系统的安装工作，在河道的横断面上共安装了3套监测系统，其中1套为R-T冰水情监测系统，安装于江心位置，编号为“漠河2013-RT1#”；1套为温度链监测系统，安装于江边位置，编号为“漠河2013-T1#”；另外1套为雪深监测系统，也安装于江边，编号为“漠河2013-S1#”。2014年4月3日临近开江前，工作人员将系统撤回。图3-33为2013—2014年黑龙江漠河江段冰情监测系统安装与运行照片。

（a）漠河2013-RT1#

（b）漠河2013-T1#、漠河2013-S1#

图3-33　2013—2014年黑龙江漠河江段冰情监测系统安装与运行照片

3.4.2　系统保温技术研究

前文提到，漠河水位站冬季最低气温曾经达到-51.5 ℃，因此在这种极端低温环境下，必须考虑系统是否能够正常运行的问题。系统中所使用的芯片多为工业级标准，一般可承受极限低温为-40 ℃，因此需在系统中增加保温装置以保证达到系统正常的工作环境温度。在实际工程应用中，最常用的保温方式是利用保温箱保温，但是保温箱保温需要220 V供电，这对于野外无供电条件的仪器设备造成一定限制。针对现有保温技术的局限性，我们设计了一种耐低温温控电路控制的低功耗、低成本、高灵敏度、工作稳定的保温装置。该装置主要包括加热模块、温控模块和物理保温层三部分。

3.4.2.1　加热模块

实际工程中电加热部分多采用PTC陶瓷和电伴热带，但其对功率和蓄电池容量要求都很高，在长期无人值守的野外环境下根本无法实现。本系统选用碳纤维加热膜作为加热模块材料。碳纤维加热膜是一种将碳纤维丝通过纺织工艺加工而成的非均匀性线面状织物，具有占用空间少、形状尺寸可随意改变、耐摩擦、导电、导热、耐腐蚀、低功耗、低成本及使用寿命长等特点，其外形柔软、密度小，沿纤维轴方向表现出很高的强度，发热功率可以通过调整其碳纤维比例、尺寸大小、电压大小或多张膜串并联方式灵活改变。可按照用途和绝缘等级要求外覆不同绝缘材料，发热效果非常好。例如，一块5 cm × 10 cm的碳纤维膜电阻10 Ω左右，外加12 V电压，几秒钟内温度便能达到60 ℃。测试实验中将4片5 cm × 10 cm的加热片串联在12 V蓄电池上，功耗3.6 W，完全满足加热要求。

3.4.2.2 温控模块

温控模块中温控探头选用PT100。温控模块工作原理如图3-34所示。通过键盘预先设置温度控制范围，当温度探头测到的温度低于所设温度下限时，单片机控制继电器闭合，加热膜开始工作；当温度探头所测温度高于温度上限时，继电器断开，加热膜停止工作，保证数据采集系统内部温度始终维持在其正常工作范围内。该温控模块可在-40 ~ 110 ℃内任意设置温控范围。

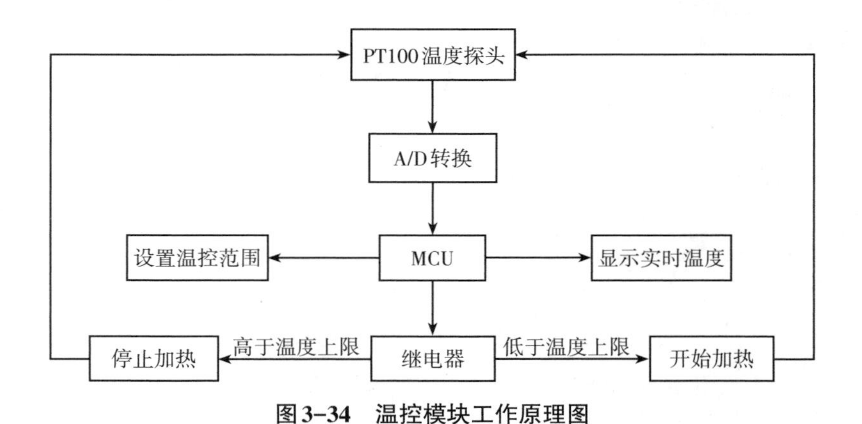

图3-34　温控模块工作原理图

3.4.2.3 物理保温层

在仪器的加热保温系统中，外部保温层也是至关重要的，缺少外部物理保温层或保温层材料选取不合适，将无法维持温控模块产生的热量。可结合成本与实用性等因素选用保鲜膜、橡塑棉、聚苯乙烯泡沫保温箱和聚氨酯材料作为外部保温层，来包裹和密封电路板与GPRS模块。

3.4.3　现场数据分析

漠河水位站的冰情监测系统采集周期为1小时，每天可获得24组冰情数据。“漠河2013-RT1#”监测系统自动记录了2013年12月21日—2014年3月23日8:00黑龙江漠河水位站冰情观测点冰层厚度、冰上界面、冰下界面及温度的变化趋势，如图3-35所示。

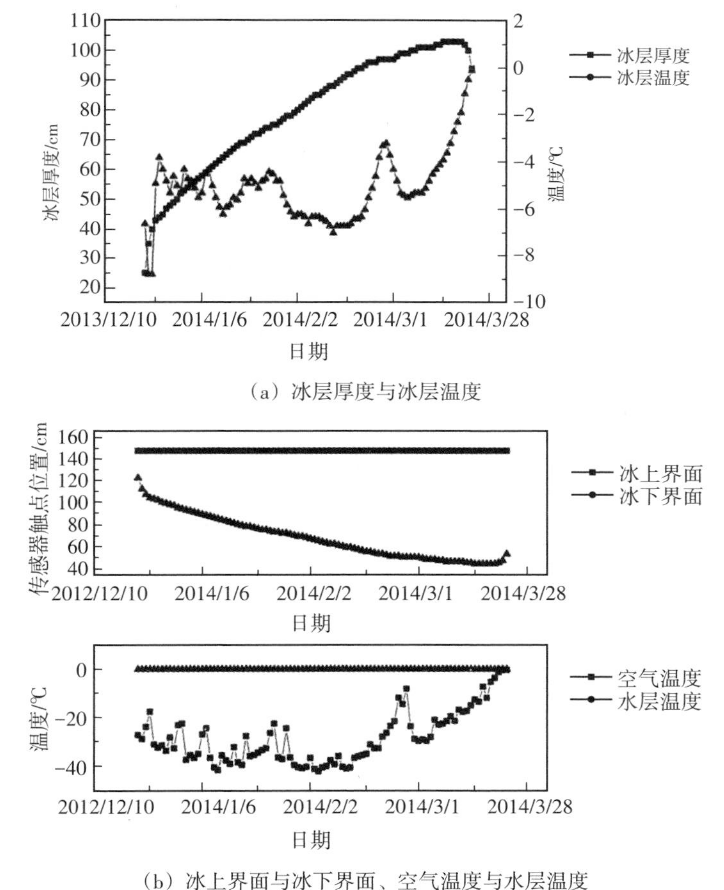

（a）冰层厚度与冰层温度

（b）冰上界面与冰下界面、空气温度与水层温度

图3-35　2013年12月21日—2014年3月23日漠河水位站RT1#监测系统冰水情数据曲线图

从图3-35（a）可以看出，冰层厚度于2013年3月15日达到最大值103 cm，冰层内部温度最低值为-8.8 ℃。这里冰层温度的取值是冰层中间的温度，测量过程中采集到的最低冰层温度为-17.6 ℃（取每天8:00数据分析）。从图3-35（b）中可以看出，同黄河河道中心冰上界面变化规律一致，黑龙江江心冰上界

面基本保持不变。冰情观测期间每天8:00临近冰面最低气温值出现在2月4日，为-42.3 ℃，冰下水层温度保持在0.1 ℃。

图3-36为漠河水位站RT1#监测系统所测到的冰的日生长率数据曲线。从图中可以看出，观测初期由于凿冰安装传感器的原因，传感器周围的冰处于未完全冻结状态，因此观测初期冰生长率出现较大值，达到10 cm/d。待2014年12月23日传感器周围的冰完全冻结、与周围天然冰的厚度保持一致后，冰层进入稳定增长状态，冰生长率稳定保持在0~1 cm/d。

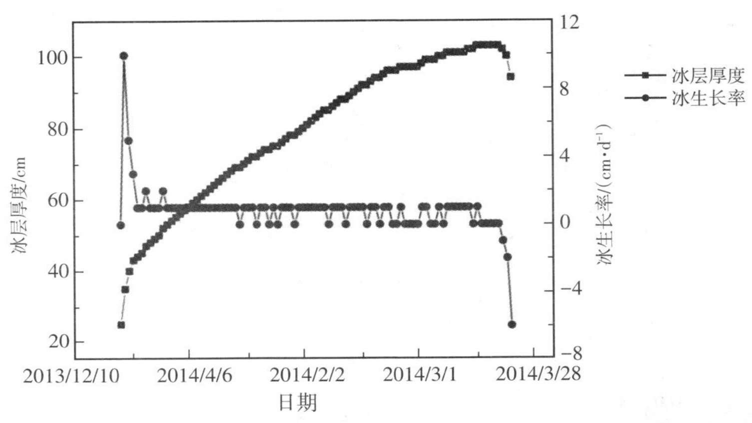

图3-36　2013年12月21日—2014年3月23日漠河水位站RT1#测得的冰生长率曲线

为验证系统测量数据的可靠性，2014年1月1日—年2月26日在传感器周围2 m范围内共进行了12次人工钻孔冰厚测量。图3-37为钻孔与传感器同时间的冰厚测量对比结果，它们之间的最小偏差为0，最大偏差为2 cm，因此认为传感器测量数据是可靠的。

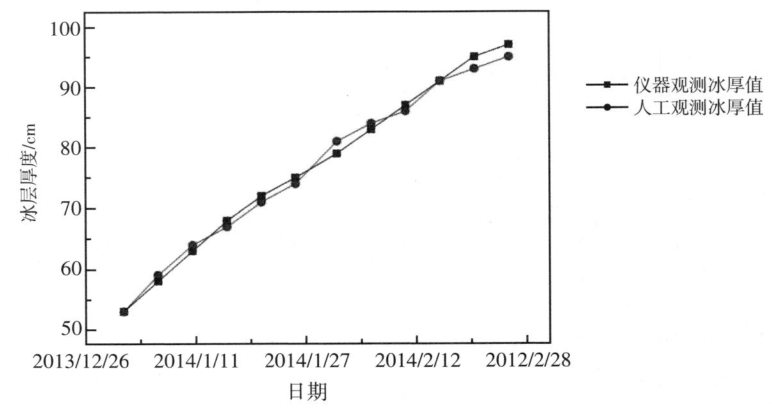

图3-37　2014年1月1日—2月26日漠河水位站RT1#传感器与钻孔现场冰厚测量结果比较

3.5 本章小结

基于极低温环境下空气、冰与水的电阻特性差异检测原理，研制了R-T冰水情监测系统。本章介绍了R-T冰水情检测传感器的工作原理、内部结构设计；阐述了智能冰情检测仪的硬件电路设计及软件程序设计，考虑到所处野外恶劣环境，对系统整体功耗进行了测试；基于LabVIEW编程语言设计了远程监控中心界面，可实现实时冰情数据的分析处理及相关数据曲线的绘制。

将R-T冰水情监测系统应用于冬季黄河流域宁蒙河段三湖河口水文站、头道拐水文站、万家寨水库的冰情观测试验中，获得了2011—2014年冰生长过程中丰富的现场冰情数据。选取部分典型数据对不同时间同一观测点、同一时间不同观测点及同一时间同一观测点、同一横断面不同安装位置的冰情数据进行了比较分析，试验结果反映出冰演变过程中冰层厚度及冰界面的变化规律，同时验证了设备的可靠性。通过对设备进行保温处理后，将其安装于我国最北部黑龙江漠河江段，获得了2013年冬季封冻至2014年春季开河前完整的冰情数据，并与人工观测数据进行了对比分析，验证了设备工作在极寒环境下的适用性及可靠性。

第4章　垂直温度剖面的监测

4.1　温度链监测系统的研制

关于温度传感器，前文已有所介绍，本节中的温度链监测系统同样采用了以MSP430F1611单片机为核心的监测系统，因此本节不再对温度链监测系统作详细介绍，只叙述系统中涉及的不同之处，包括温度链设计、温度程序设计及温度校正试验。

4.1.1　温度链设计

4.1.1.1　棒式温度链设计

前文提到，R-T冰水情检测传感器中集成了带有40个DS18B20温度传感器的温度链，每两个温度传感器之间的间隔为5 cm，用于辅助判断空气和冰的分界面及冰和水的分界面。为了获得河冰垂直检测空间上更精确的温度信息，设计了量程为2 m、分辨率为1 cm和2 cm的高分辨率温度链，分别包括200个DS18B20和100个DS18B20。DS18B20温度传感器采用TO-92封装形式。由于该温度传感器加装防水保护壳后体积增大，若排列于温度链棒体的一侧，将因间隔距离太小影响测量，因此将200个DS18B20等距离交叉排列于棒体两侧，每一侧相邻DS18B20之间的距离为2 cm，而从温度链整体上看，相邻DS18B20的间距为1 cm。其结构示意图和实物图如图4-1和图4-2所示。温度链上200

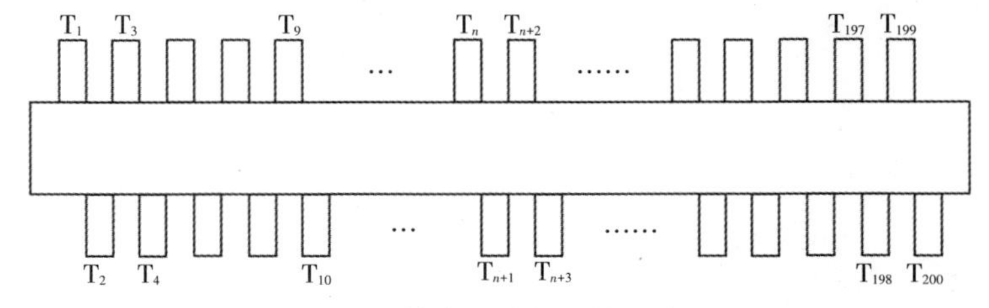

图4-1　棒式温度链结构示意图

个DS18B20依次排列，编号为T_1~T_{200}。其中，T_n与T_{n+2}的垂直中心距离为2 cm，T_n与T_{n+1}的垂直中心距离为1 cm，$n=1$，2，…，200。

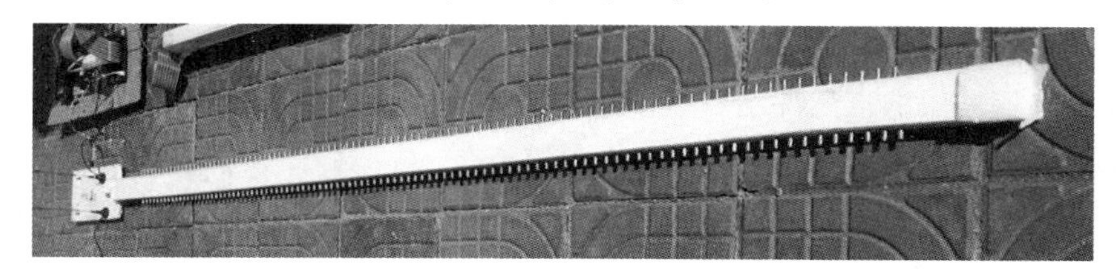

图4-2　棒式温度链实物图

4.1.1.2　柔性温度链设计

考虑到棒式温度链结构笨重，携带不便，且与周围冰层易发生热交换，影响垂直温度廓线的测量，我们设计了柔性温度链。柔性温度链采用FPC柔性电路板制作而成，具有重量轻、厚度薄、弯折性好的特点。DS18B20温度传感器采用MSOP封装形式。柔性温度链结构示意图及实物图如图4-3及图4-4所示。单根温度链上包括100个DS18B20温度传感器，量程为1 m，每两个温度传感器之间的间距为1 cm。由于DS18B20温度传感器属于单总线接口技术，电路设计简便，当量程超过1 m时，可通过将单根温度链级联的方式实现。柔性温度链采用在温度链表面外套带胶热缩管的方式实现防水。温度链底部防水通过外套多层带胶热缩管并浇筑环氧树脂实现。

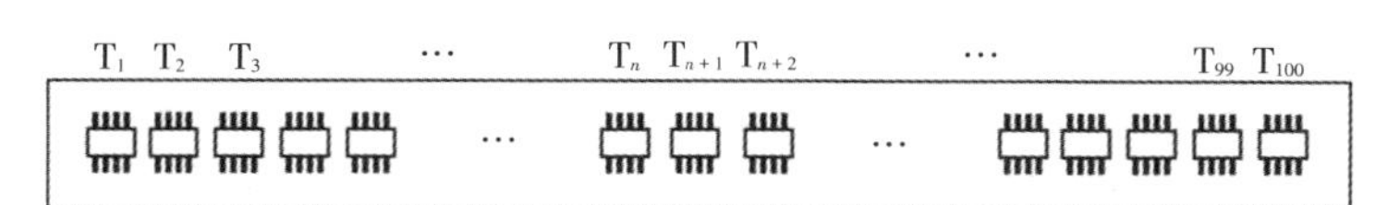

图4-3　柔性温度链结构示意图

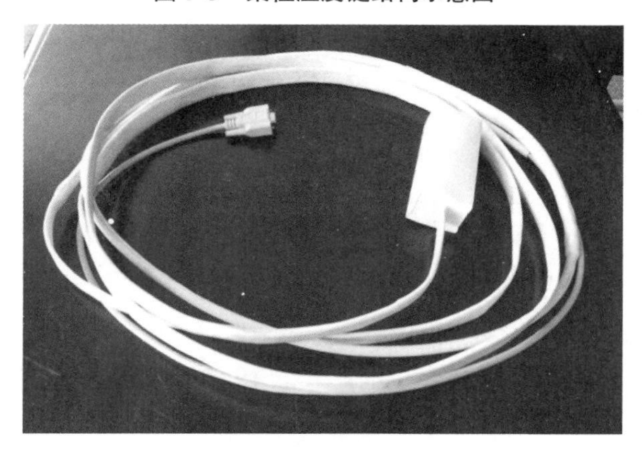

图4-4　柔性温度链实物图

为保证柔性温度链安装于冰层中时保持垂直状态，不发生弯曲，我们设计了温度链专用固定支架。固定支架采用木质材料，因为木质材料的导热系数较小，与周围环境冰层的热交换较小，对冰层的生消过程影响较小，可以最大限度地确保冰层的自然冻结状态。根据温度链的宽度要求，支架选用直径为30 mm、长度为1 m的木杆。考虑温度链的长度，支架同样采用级联方式完成。

4.1.2 温度程序设计

4.1.2.1 温度数据采集程序设计

温度采集程序在前文已经介绍过，但在实际程序编制的过程中发现，只修改DS18B20的个数与序列号，程序执行过程中会出现错误，导致系统不断复位。通过不断的试验，我们发现，出现这种错误的原因之一是DS18B20增加到200个之后，序列号和存储、处理所需的数据空间增加了，导致单片机内存空间不足；另一个原因是，序列号增加之后，定义的序列号数组所占用的空间也相应增大，使得单片机进行程序初始化所花费的时间变长，超出了单片机默认的初始化时间，导致系统不断自动复位，程序无法进入主函数。

针对以上问题，我们通过两种途径予以解决。一是修改每一个DS18B20的序列号的长度。每一个DS18B20都有唯一的64位编码，最前面8位是单线系列编码，中间48位是唯一的序列号，最后8位是以上56位的CRC码，如图4-5所示。而同一批次的DS18B20温度传感器有32位编码是相同的，因此这32位相同的编码在序列号数组之外给出定义，这样就大大减小了序列号数组所占用的空间，节省了单片机的内部存储空间。二是通过程序设置系统初始化时跳过所定义的大型数组，这样系统初始化时间就不会超过正常的时长，解决了系统不断复位的问题。

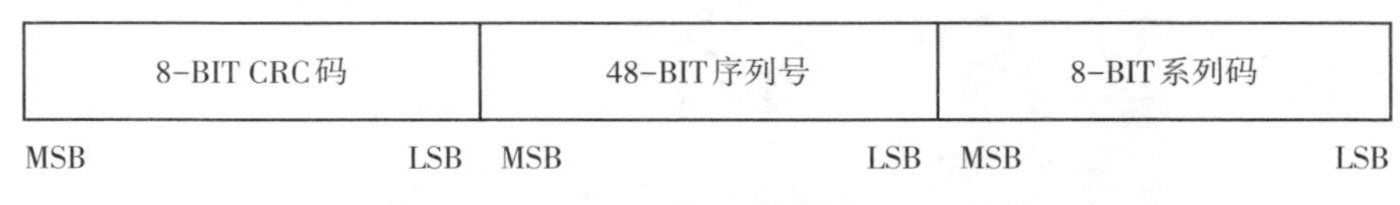

图4-5　DS18B20的64位激光ROM编码

4.1.2.2 温度数据处理程序设计

由于河冰垂直温度剖面空气、冰层和冰下水层存在温度差异，可通过算法判断出冰层厚度，算法的关键就是判断空气-冰界面及冰-水的界面在温度链所处的位置。通过对现场大量的温度数据进行分析发现，当冰面上有积雪和无积雪时，垂直温度廓线分布存在一定的差异。当冰面上无积雪时，空气和冰层之间直接发生热交换，冰层中温度廓线呈非线性分布；而当冰面上积雪较厚时，由于积雪的阻隔、保温作用，空气和冰层的热交换会减少，因此冰层中温度分布的线性度更好。

冰上有无积雪对冰层和水层之间的热交换影响相对较小。通过对采集到的数据分析可知，冰下水层的温度不低于0 ℃，冰层中的温度总是小于0 ℃，冰-水分界面可通过以下方法来判断。

冰水层分界面判断方法：假设每次采集的n个触点温度值为T_i（$i=1, 2, 3, \cdots, n$），各触点数据服从正态分布且相互独立。将这n个温度值按T_1，T_2，T_3，…，T_n的顺序分别与0 ℃进行对比，直到首次出现3个以上连续负温度时停止，即$T_a<0$ ℃，$T_{a+1}<0$ ℃，$T_{a+2}<0$ ℃，此时可以确定温度值T_a对应的触点即为冰-水层分界面分界点。

当冰面上无积雪或积雪很薄时，由于空气和冰的热导率差异较大，所以分别位于冰和空气中的两个相邻温度传感器测得的温差最大，体现在图4-6（a）中，相邻温度值间距离最大。可通过寻找相邻温度传感器之间的最大差值绝对值来确定空气和冰的分界面。具体算法实现如下：

假设温度链每次采集的n个触点温度值为T_i（$i=1, 2, 3, \cdots, n$），各触点数据服从正态分布且相互独立。相邻触点

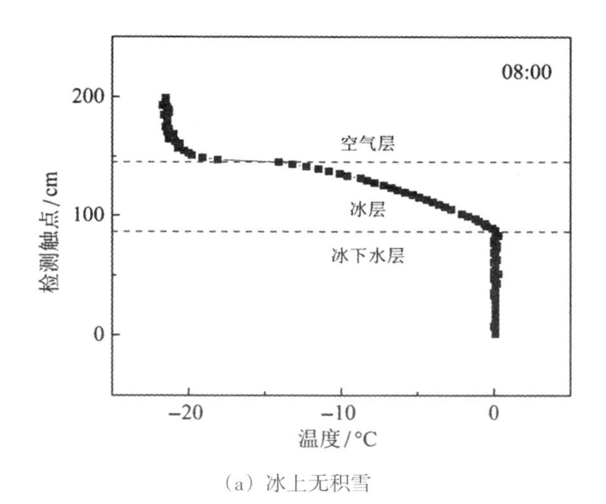

（a）冰上无积雪

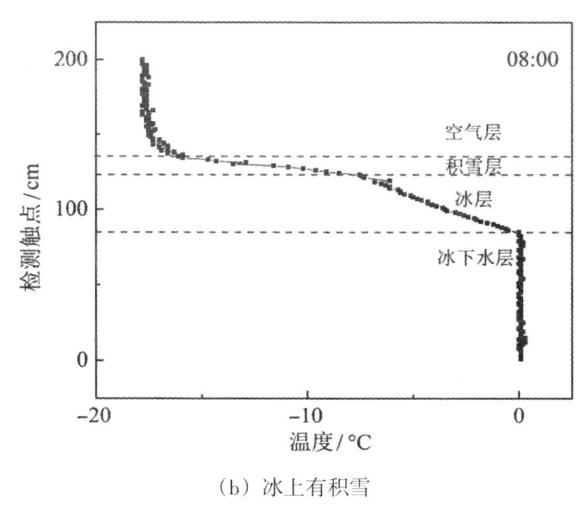

（b）冰上有积雪

图4-6 冰上无积雪与有积雪垂直温度廓线对比

间温差的绝对值为Δ_j（$j=1, 2, 3, \cdots, n-1$）：

$$\Delta_j=\left|T_{j+1}-T_j\right| \tag{4-1}$$

将T_i分别代入公式（4-1）中，得到Δ_j，然后用冒泡法对Δ_j进行排序，找到最大的温差绝对值$\Delta_{\max}$，假设：

$$\Delta_{\max}=\left|T_{b+1}-T_b\right| \tag{4-2}$$

则可确定温度值T_b对应的触点即为空气和冰层的分界面。

当冰层上有积雪时，如图4-6（b）所示，由于冰上积雪对空气、太阳辐射的隔绝作用，冰层中温度分布线性度更理想。当温度传感器由冰层进入积雪层时，相邻温度间斜率会突然增大，因此可以通过判断相邻温度间的斜率来判断积雪层和冰层的分界面。具体算法如下：

假设温度链每次采集的n个触点温度值为T_i（$i=1, 2, 3, \cdots, n$），各触点数据服从正态分布且相互独立。通过阈值法判断出冰-水分界面位置a后，从$a+1$开始相邻温度传感器间的斜率k_j（$j=a+1, a+2, \cdots, n$）为

$$k_j=\frac{1}{T_{j+1}-T_j} \tag{4-3}$$

通过式（4-3）可求出k_{a+1}，k_{a+2}，$\cdots$，k_{n-1}。k_{a+1}依次与k_{a+2}，$\cdots$，k_{n-1}作比值R_c（$c=a+2, \cdots, n-1$）：

$$R_c=\frac{k_{a+1}}{k_c} \tag{4-4}$$

当R_c首次连续出现3次大于4，即满足$R_b>4$，$R_{b+1}>4$，$R_{b+2}>4$时，b为雪-冰分界面刻度位置。

确定了冰层上、下界面对应的温度传感器的位置b和a，即可根据公式

$$h=l(b-a) \tag{4-5}$$

计算出冰层厚度值h，其中l为相邻温度传感器之间的距离。

4.1.3 温度校正实验

在进行冰层内部物理参数随温度变化规律的研究过程中，我们采用特性稳定的DS18B20温度传感器作为温度检测的敏感元件，但是当被测温度低于-10 ℃或高于85 ℃时，其精度低于0.5 ℃。当温度传感器出现较大误差时，需要进行温度补偿。DS18B20传感器出厂时没有提供极低温条件下温度补偿相关资料。为了提高研究结果的精确性，需要对DS18B20温度传感器进行极低温

环境下的校正实验。为解决此问题，我们利用GDJS-015高低温交变湿热试验箱建立温度为-55～20 ℃的实验环境，采用山西省计量科学研究院校准过的PT100作为标准温度传感器，对带有40个DS18B20温度传感器的温度链进行了温度校正实验。校正实验过程如下：

（1）将带有40个DS18B20的温度链及标准温度传感器PT100放入高低温试验箱内。设置高低温试验箱内的温度环境分别为20，10，0，-5，-10，-15，-20，-25，-30，-35，-40，-45，-50，-55 ℃。为保证传感器工作于恒温环境中，每一温度点均保持20分钟。

（2）记录高低温试验箱每一温度点时，也需记录标准温度传感器PT100的温度值T_k，同时自动记录同一时刻40个DS18B20的温度值T_{ij}。

（3）重复进行以上实验过程3次。计算出每一温度点40个DS18B20的平均温度值$\overline{T_k}$，也可计算出每一温度点实测平均温度值与标准温度值的差值σ_k，如式（4-6）、式（4-7）所示。

$$\overline{T_k}=\frac{1}{n}\frac{1}{m}\sum_{i=1}^{n}\sum_{j=1}^{m}T_{ij} \tag{4-6}$$

$$\sigma_k=\overline{T_k}-T_k \tag{4-7}$$

式中，i为DS18B20的数量；j表示实验重复次数。

（4）通过二项式拟合可得到温度补偿函数f（$\overline{T_k}$），见公式（4-8），通过程序设计可实现温度补偿。其中，$b_1=-0.01549$，$b_2=2.3539\times10^{-4}$，$b_3=1.62539\times10^{-5}$，$b_4=2.97337\times10^{-7}$。

$$f(\overline{T_k})=0.04787+b_1\overline{T_k}+b_2\overline{T_k}^2+b_3\overline{T_k}^3+b_4\overline{T_k}^4 \tag{4-8}$$

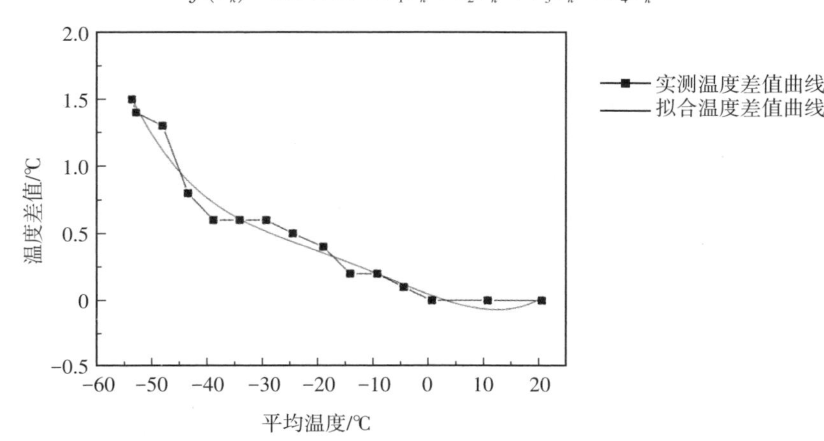

图4-7 实测温度与标准温度差值随温度变化曲线

图4-7所示为DS18B20实测温度与标准温度差值随温度变化的实测曲线与拟合曲线，其中x轴为40个DS18B20的平均温度，y轴为实测平均温度值与标准温度值之间的差值。

为验证温度校正结果的有效性，选择温度链上任意5个DS18B20未校准（T1~T5）和校准后（T′1 ~ T′5）采集到的温度值与标准温度值进行对比试验。图4-8（a）、（b）分别表示未校准温度与标准温度的差值以及校准后温度与标准温度的差值随温度变化曲线。从图中可以看出，未校准的DS18B20与标准温度最大差值达1.7 ℃。经过温度校正后，DS18B20的精度可以提升至0.3 ℃。

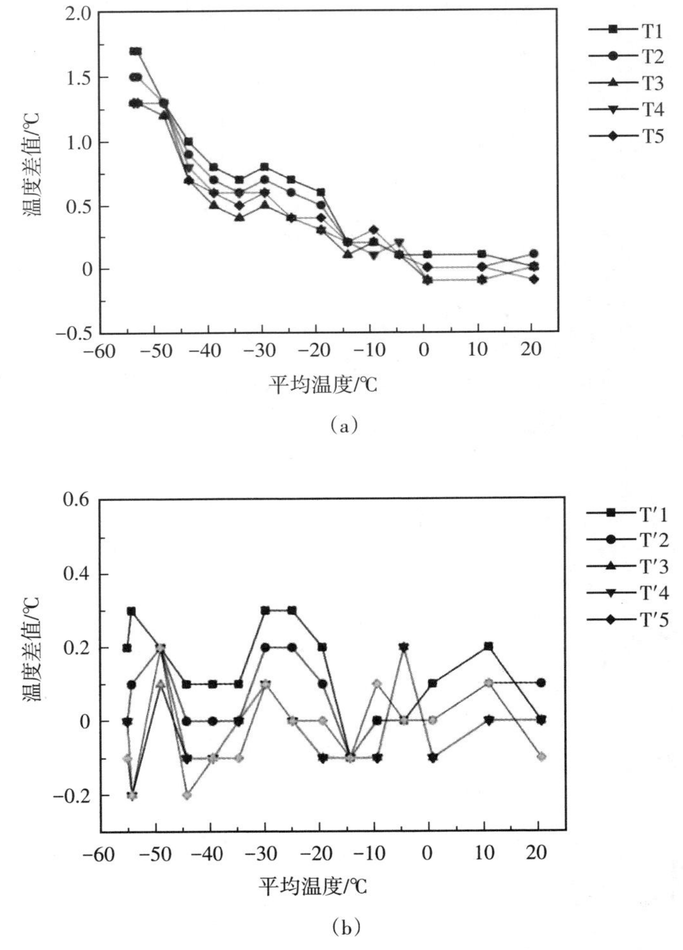

图4-8 未校准与校准后DS18B20温度差值随温度变化曲线

4.2　黄河河道固定点温度分布现场监测分析

前文已经就温度链监测系统的安装运行情况进行了系统介绍。本节只对采集到的温度数据进行分析。

4.2.1　三湖河口水文站温度监测数据分析

第3章中提到“三湖河口2012-T1#”温度链的安装时间为2013年1月5日，安装位置位于河道中心，量程为2 m，分辨率为2 cm。数据采集周期为1小时，每天采集到的温度分布数据为24组。该观测点温度数据的有效观测时间为2013年1月9日—2月14日。通过分析采集到的原始数据可以看出，一天中空气温度的变化受太阳辐射的影响很大，多数情况下，7:00或8:00为一天中温度最低时刻，14:00或15:00为温度最高时刻。下面将选取观测周期内观测初期（2013年1月9日）、观测中期（2013年1月31日）及观测末期（2013年2月10日）一天中典型时段的数据对垂直温度剖面分布情况进行分析，分别为0:00，8:00，12:00，14:00，18:00，22:00。

图4-9、图4-10及图4-11所示为临近开河传感器拆卸前一天中典型时段的垂直温度廓线。从图中可以看出，垂直温度廓线大致分为空气温度廓线、冰层温度廓线、冰下水层温度廓线，以下将分别从3个温度廓线分析河道固定观测点垂直温度剖面分布的变化情况。

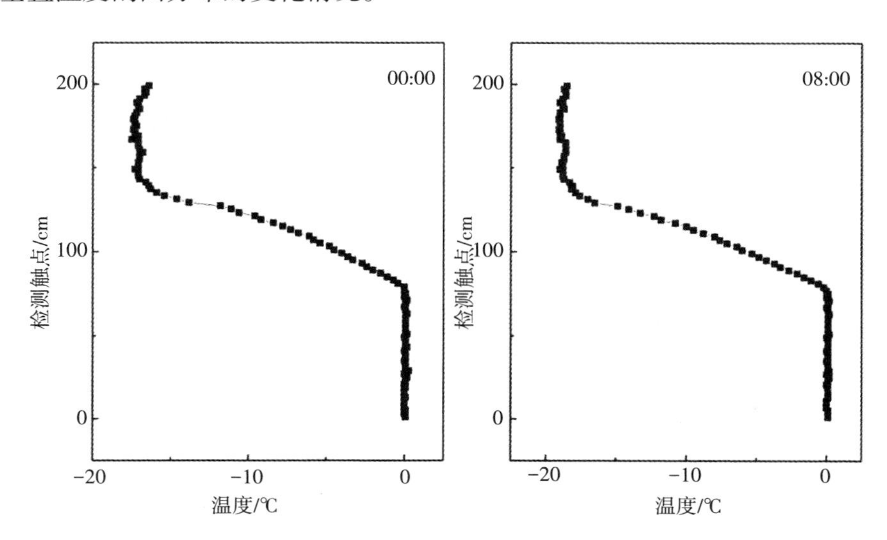

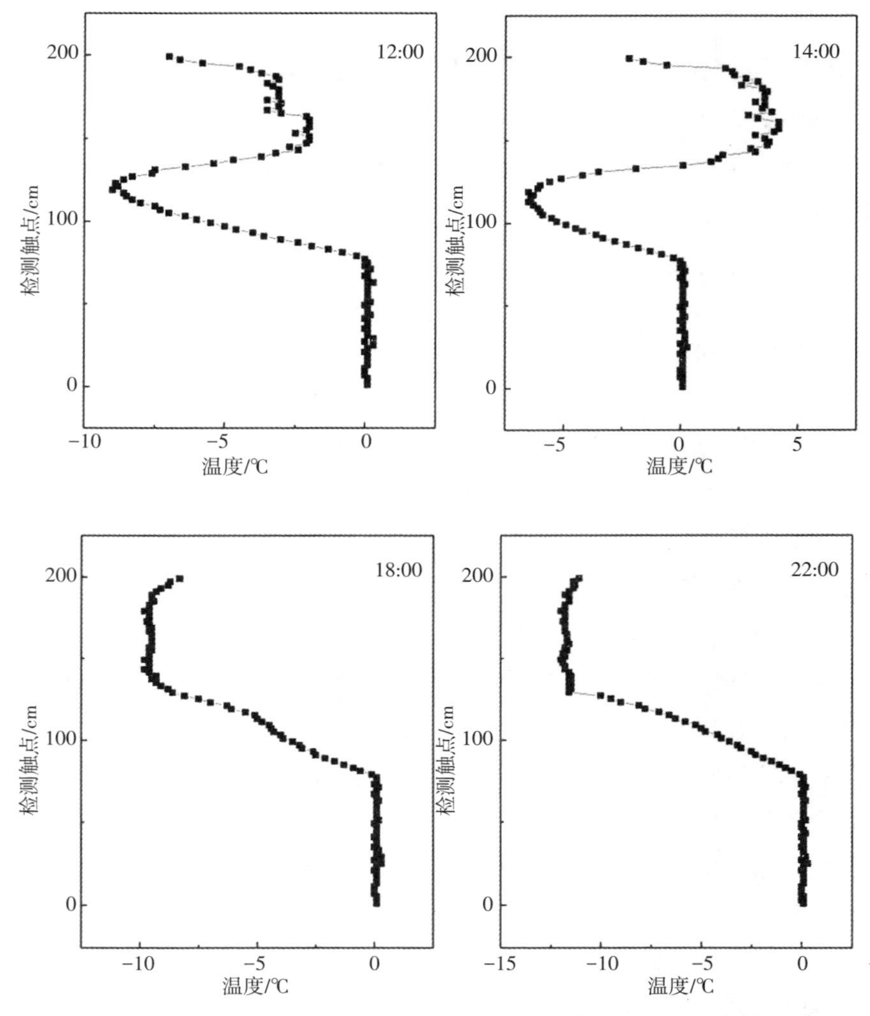

图4-9　2013年1月9日三湖河口水文站T1#典型时段温度廓线

从图4-9可以看出，一天中8:00的冰上空气温度最低。整个空气温度剖面温度值趋于稳定。12:00受太阳辐射的影响，空气温度发生波动，由于温度传感器受到太阳辐射后被加热程度不同，空气中温度呈现出不规则的变化。随着太阳辐射继续增强，到14:00，温度传感器测得的空气温度高于0 ℃。待太阳落下，太阳辐射减弱，到18:00，温度逐渐恢复稳定，到22:00更加稳定。一天内冰层内部温度在8:00达到最低值，这是因为晚上没有太阳照射时，空气和冰的分界面发生热交换，冰层不断向空气中释放热量，使得自身温度不断降低，直至有太阳照射前达到最低值。从0时和8:00的曲线可以看出，离冰上界面距离越深，温度越高。冰内温度廓线大致呈线性分布，由于热传导的发生，接近空气的冰层剖面，其温度接近于空气温度；接近水层的冰层剖面，其温度接近于水层温度。随着太阳的升起，受太阳辐射影响，中午12:00空气温度升高，此时冰层温度发生变化，不再呈线性趋势，冰面下约8 cm的冰层剖面温度受到太阳辐射影响而升高。14:00空气温度达到最高值，冰面下约14 cm的冰层剖面温度受到太阳辐射影响而升高。至18:00，太阳辐射减弱，冰层剖面温度再次接近线性分布。22:00，冰层剖面温度基本恢复线性分布状态，与0时和8:00分布一致。另外，设备安装初期，冰层内部温度低于空气温度；一天内冰下水层剖面温度几乎保持稳定。只是在中午太阳辐射较强时，水层中的温度才会出现较小幅度的波动，但仍在0.1 ℃附近变化。

图4-10所示为该观测点2013年1月31日一天内典型时刻温度廓线，其变化趋势与图4-9基本一致，此时冰层厚度为44 cm，冰层已进入消融期。

根据温度链采集到的河道垂直温度剖面分布数据，可判断出冰层厚度，从图中可以看出，冰水分界面非常明显，高于0 ℃为水，低于0 ℃为冰层。冰和水的分界面为77 cm处，从0时、8:00及22:00的曲线可判断出空气和冰的分界面，即127 cm处，与现场实际情况相符。通过计算相邻温度差值，差值最大的温度为空气和冰的上界面，这是空气和冰的热传导系数大于冰内部的热传导系数所致。最终可计算出冰层厚度为50 cm。由此可见，传感器安装初期已不是封冻初期。

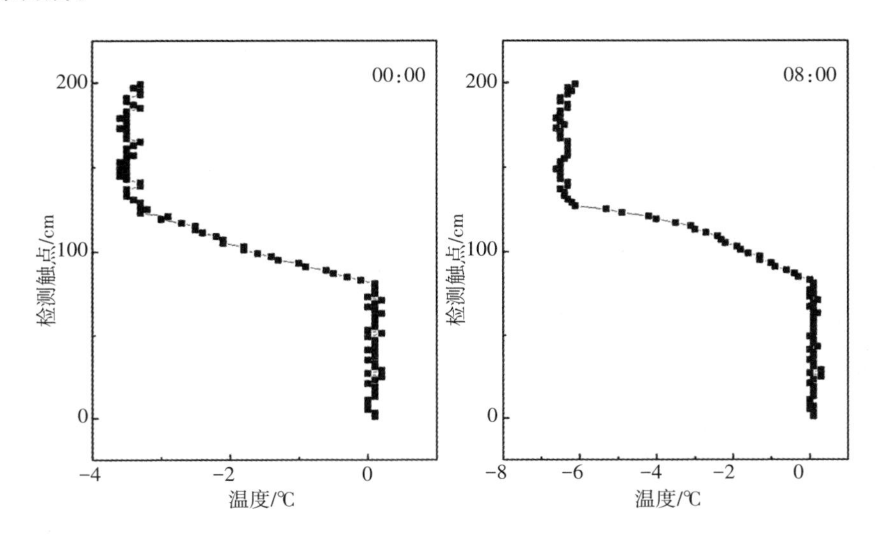

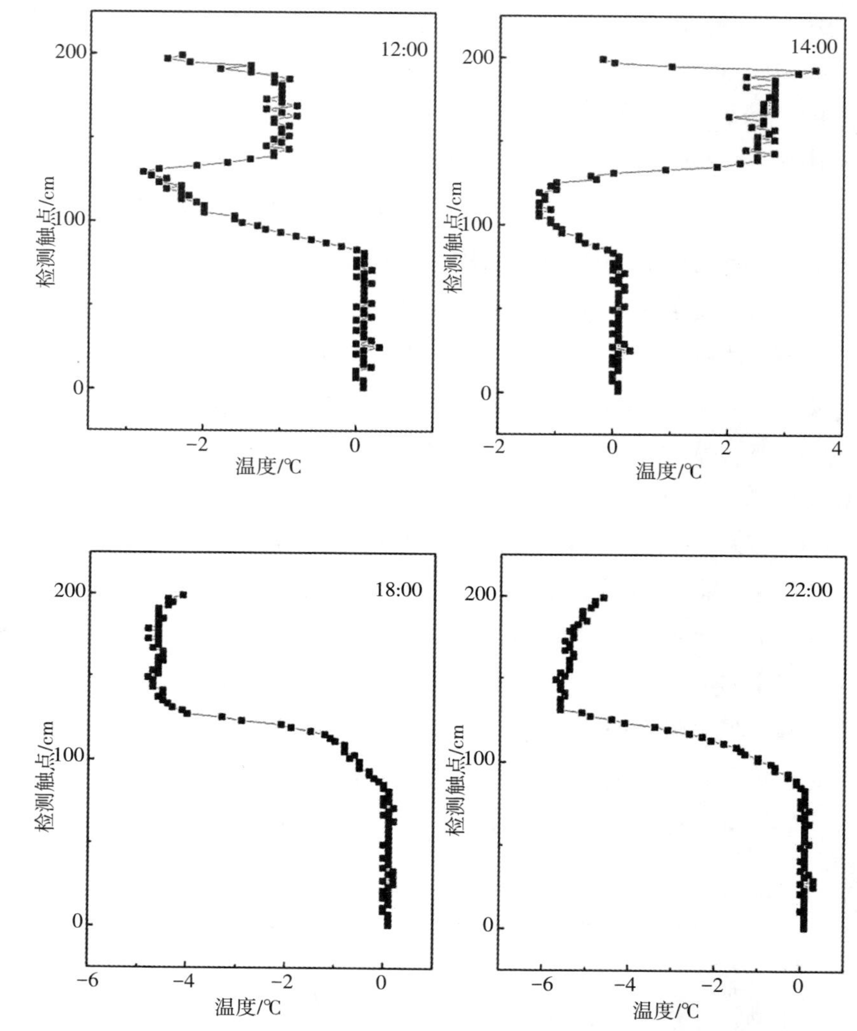

图 4-10　2013 年 1 月 31 日三湖河口水文站 T1#典型时段温度廓线

临近开河前，传感器被拆回，图 4-11 为 2 月 10 日该观测点一天内典型时段温度廓线，其一天内温度变化趋势与图 4-9 及图 4-10 基本一致，冰层厚度为 18 cm，此时处于冰层消融末期。

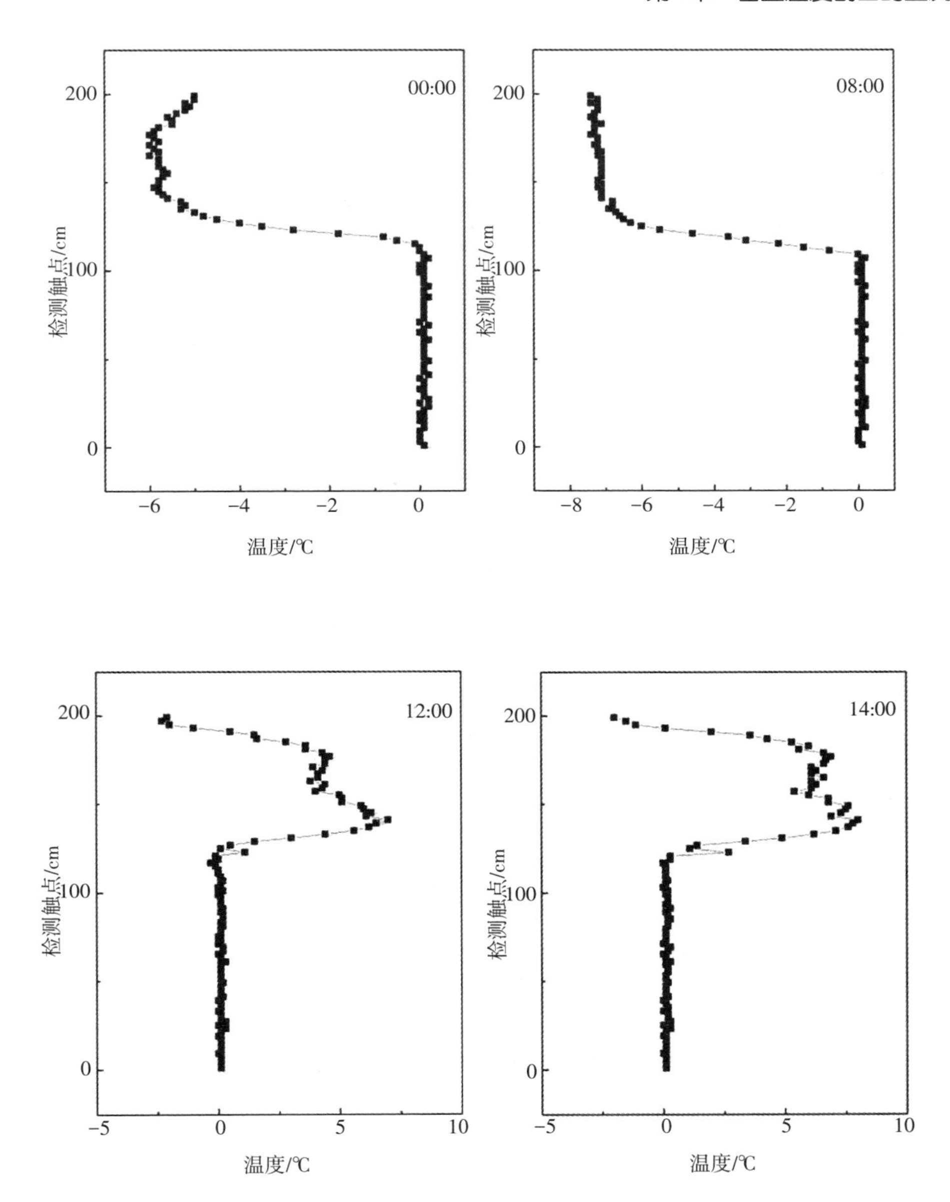
00:00
08:00
12:00
14:00
检测触点/cm
温度/℃
200
100
0
−6
−4
−2
0
−8
−5
5
10

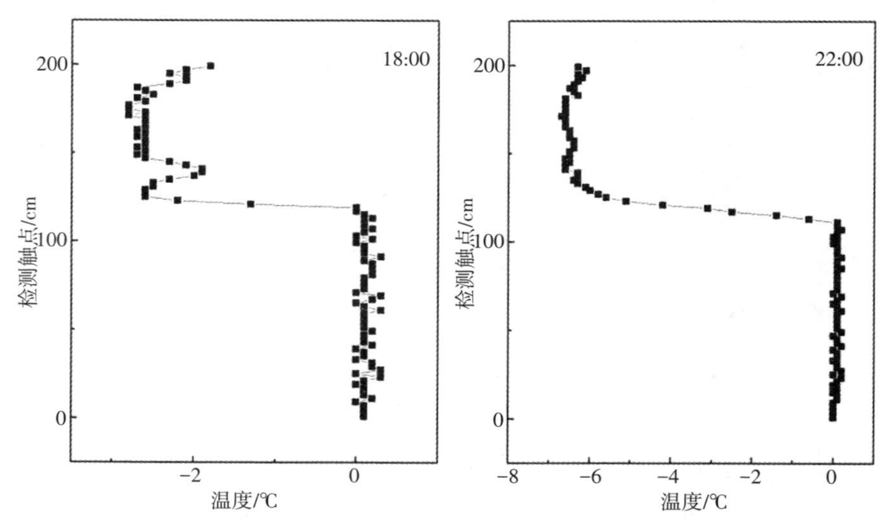

图4-11　2013年2月10日三湖河口水文站T1#典型时段温度廓线

图4-12所示为2013年1月9日—2月15日观测周期内每天8:00空气温度、冰层温度及冰层厚度的数据曲线图。其中，冰层温度选取的是冰层中间的温度，空气温度选取的是温度链自上而下第10个温度传感器的温度值。从图中可以看出，空气温度与冰层温度变化趋势一致，冰层温度主要受到空气温度的影响。冰层厚度在1月11日达到最大值52 cm。

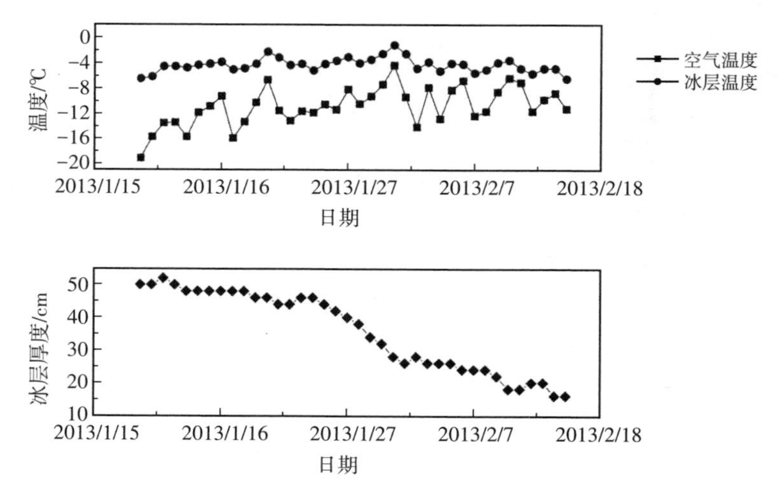

图4-12　2013年1月9日—2013年2月15日8:00三湖河口水文站T1#测得的温度变化曲线

4.2.2　头道拐水文站温度梯度监测数据分析

“头道拐2013-T1#”温度链的安装位置位于河道中心，量程为2 m，分辨率为2 cm。数据采集周期为1小时，每天采集到的温度数据为24组。该观测点温度数据的有效观测时间为2014年1月8日—3月15日。选取观测周期内河道封冻初期（2014年1月9日）、中期（2014年2月10日）及开河前（2014年3月12日）一天中典型时段的数据对温度垂直剖面的变化情况进行分析，典型时段分别为0:00，8:00，12:00，14:00，18:00，22:00。

图4-13、图4-14及图4-15分别为封冻初期、中期及临近开河前期，一天中典型时段的温度廓线。

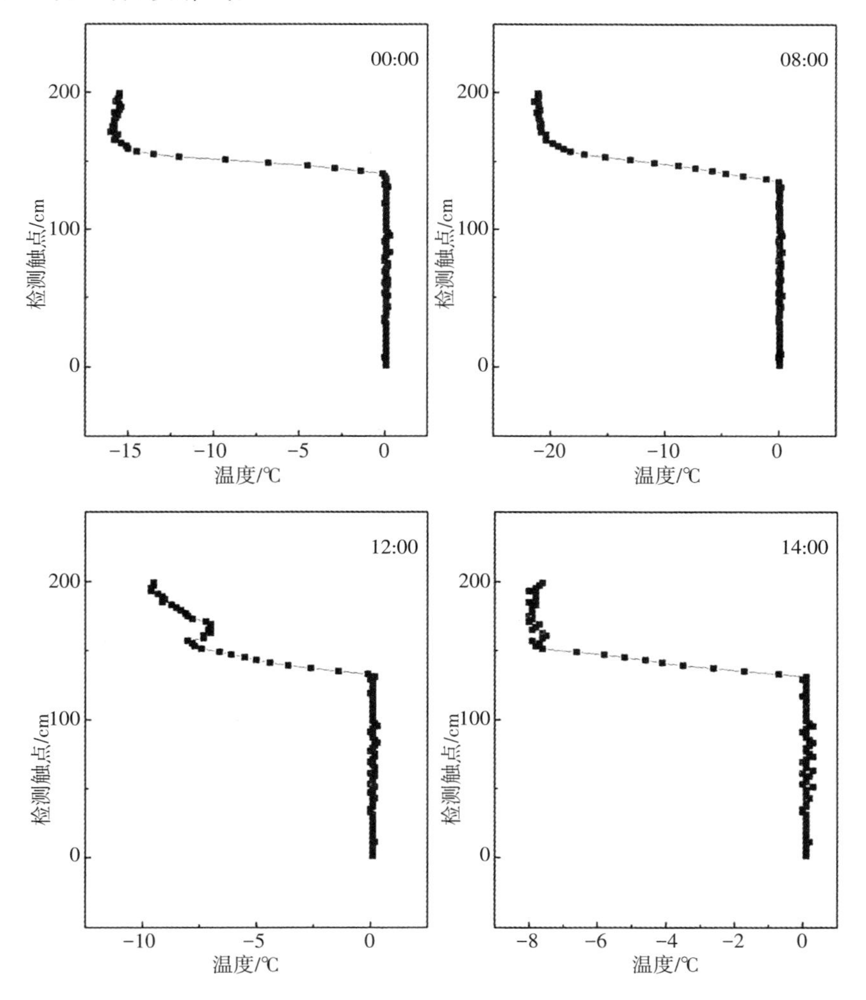

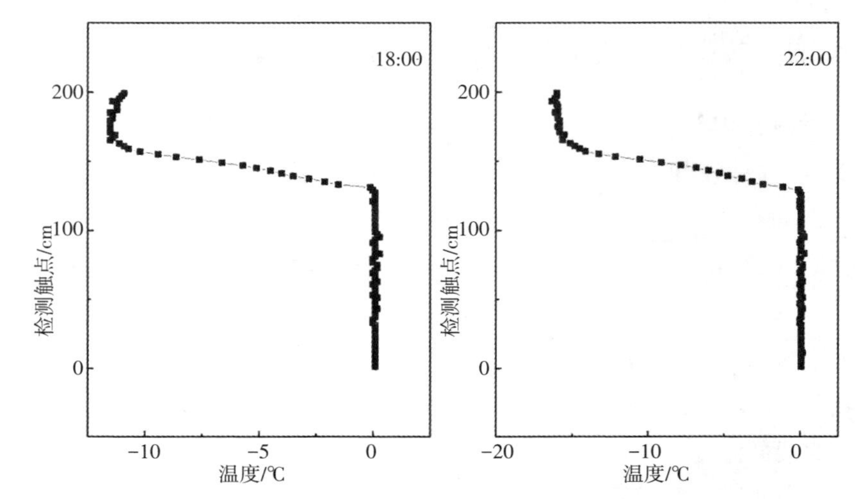

图4-13　2014年1月9日头道拐水文站T1#典型时段温度廓线

分析图4-13可知，一天内冰水分界面从0时的141 cm变化到22:00的129 cm，冰层向下增长了12 cm。这是由于传感器安装初期，传感器周围冰层尚未稳定。

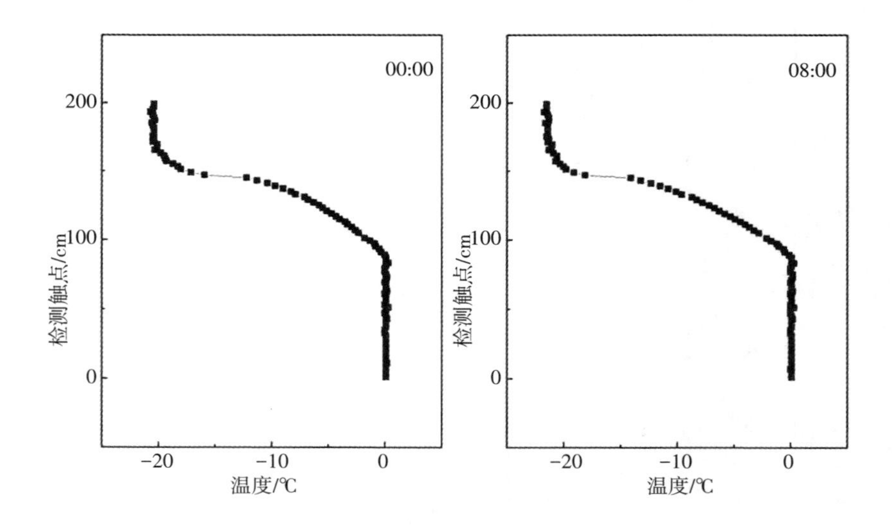

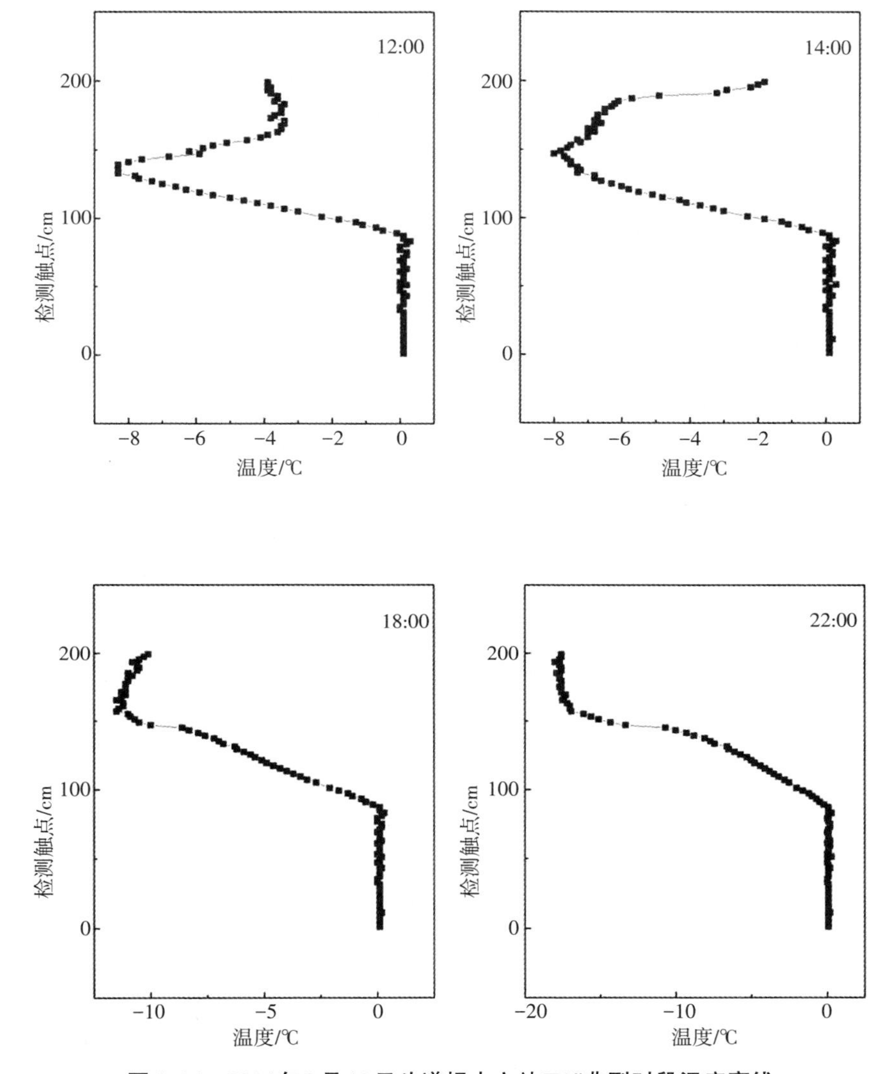

图4-14　2014年2月10日头道拐水文站T1#典型时段温度廓线

分析图4-14可知，一天中典型时段的曲线与图4-11变化基本一致。从0时、8:00、18:00和22:00的曲线可以明显看出空气和冰的分界面及冰和水的分界面，相邻温度差异最大的位置即为空气和冰的分界面。近冰面空气温度分布呈现非线性特性，而冰层内部温度廓线大致呈线性分布。水层剖面温度基本稳定在0.1 ℃。受太阳辐射影响，12:00空气温度升高，此时冰层温度发生变化，不再呈线性趋势，冰面下约10 cm的冰层剖面温度受到太阳辐射影响而升高。至18:00，太阳辐射减弱，冰层剖面温度逐渐接近线性分布。22:00，冰层剖面温度基本恢复线性分布状态，与8:00温度分布规律一致。

从图4-15可以看出，临近开河前，空气温度上升至-5 ℃以上，河道冰层进入消融期。一天内温度总的变化趋势仍然与之前类似，由于冰层变薄且变疏松，与冰层稳定时相比，太阳辐射对冰层的影响表现得更明显，当河道大面积范围内仍有冰层覆盖时，传感器周围的介质可能已变为水。因此，在消融期根据温度判断冰层厚度存在一定差异。这跟棒式温度链与周围冰层之间的热传导系数较大有一定关系，改进后的柔性温度链可以在一定程度上改善此问题。

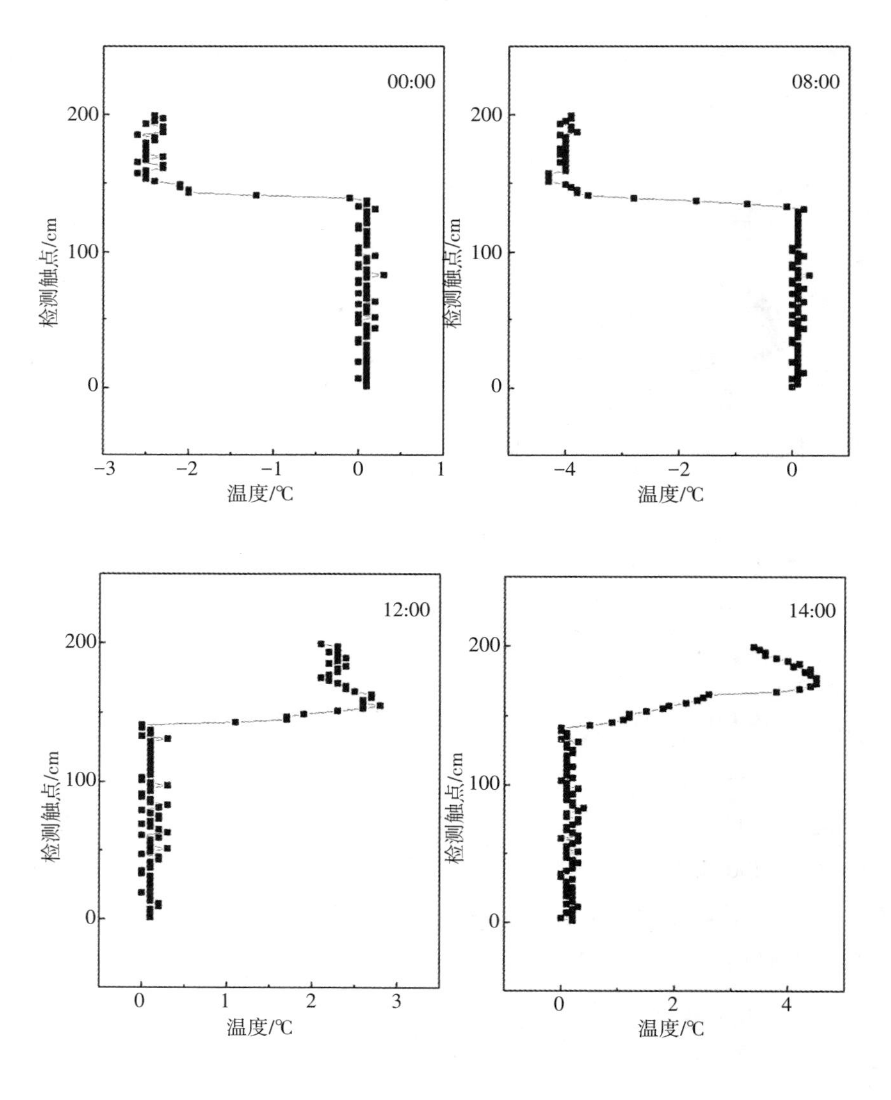

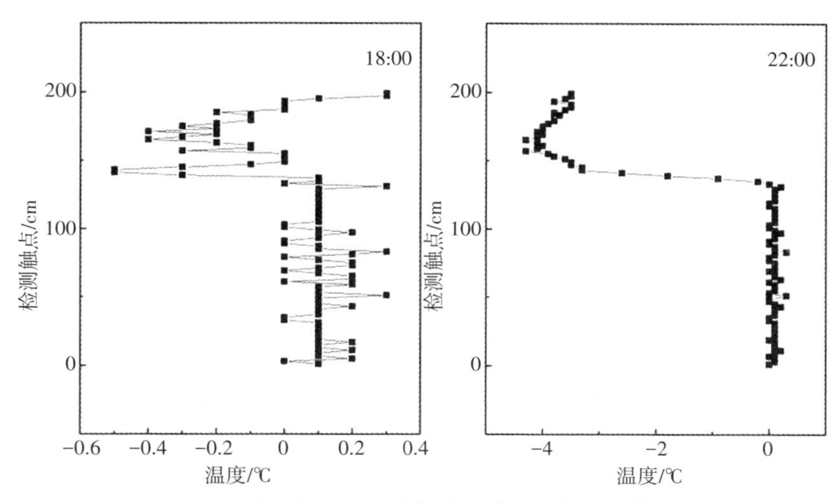

图4-15　2014年3月12日头道拐水文站T1#典型时段温度廓线

图4-16所示为2014年1月9日—3月15日观测周期内每天8:00空气温度、冰层温度及冰层厚度的数据曲线图。由此，我们获得了2013年冬季河道封冻至2014年春季开河前河冰生消过程中比较完整的温度及冰层厚度数据。从图中可以看出，空气温度与冰层温度变化趋势一致，冰层温度主要受到空气温度的影响。该观测期内空气和冰层的最低温度出现在2月10日，分别为-21.7 ℃和-6.3 ℃。冰层厚度在2月12日达到最大值64 cm。

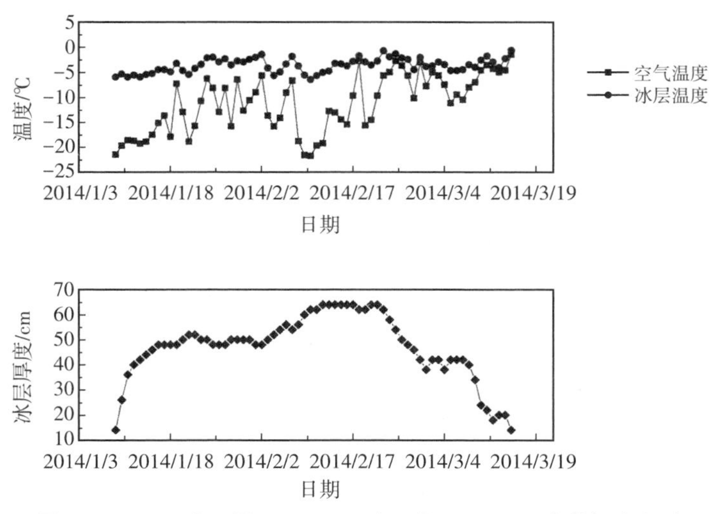

图4-16　2014年1月9日—2014年3月15日8:00头道拐水文站T1#测得的温度变化曲线

4.3 黑龙江漠河江段温度分布数据分析

第3章中提到的“漠河2013-T1#”安装位置位于黑龙江漠河江段的江边。量程为2 m，分辨率为1 cm。数据采集周期设置为1小时，每天采集到的温度数据为24组。该观测点温度数据的有效观测时间为2013年12月21日—2014年3月23日。分析采集到的原始数据可以看出，多数情况下，凌晨1时或2时为一天中温度最低时刻，13:00或14:00为温度最高时刻。与黄河冰情观测点高低温时刻存在差异。以下将选取观测周期内河道封冻初期（2013年12月24日）、中期（2014年2月10日）及开河前（2014年3月22日）一天中典型时段的数据对温度垂直剖面的变化情况进行分析，典型时段分别为2:00，8:00，13:00，20:00。图4-17、图4-18及图4-19分别为封冻初期、中期及临近开河前期，一天中典型时段的温度廓线。

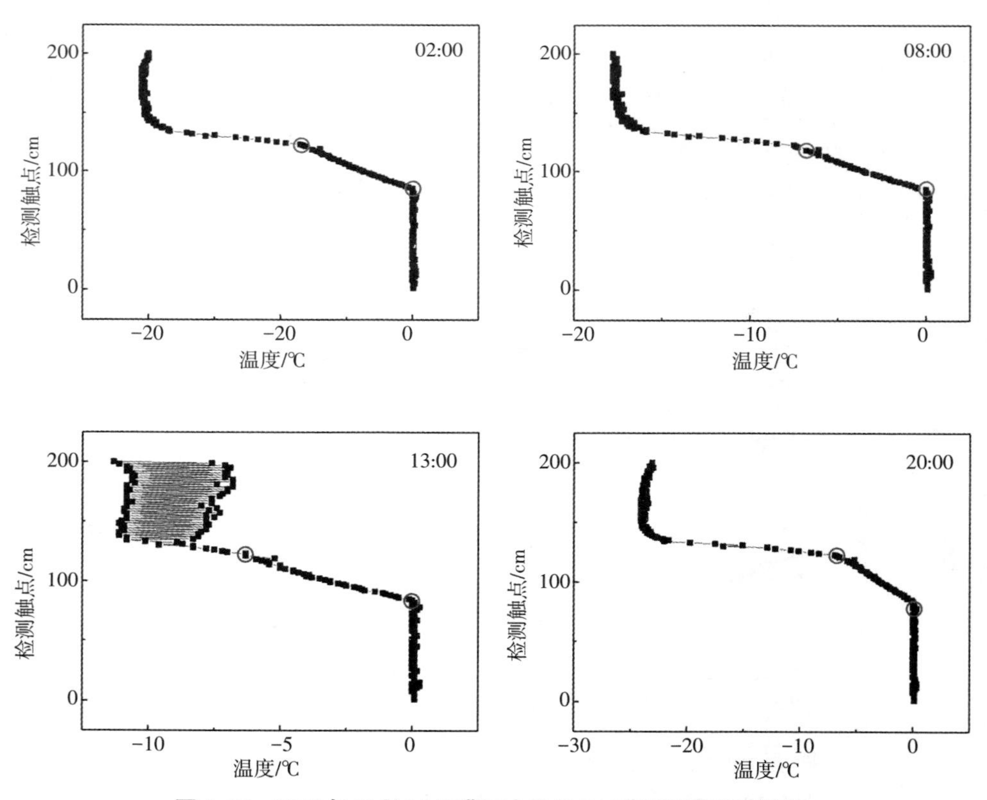

图4-17　2013年12月24日漠河水位站T1#典型时段温度廓线

分析图4-17可知，0时、8:00、20:00没有太阳辐射时，河道垂直剖面的温度分布情况基本一致。13:00空气温度廓线出现规律的折线，这是因为棒式温度链上温度传感器分布在棒体的两侧，安装时一侧的传感器处于向阳面，另一侧处于背阴面。处于向阳面一侧的温度传感器受太阳直射的影响，测得的温度高于背阴面一侧的温度。另外，漠河冰层内部温度廓线比黄河观测点线性度更好，这是因为漠河观测点冰层上有较厚的积雪覆盖，积雪层阻隔了空气和冰层之间的热交换，因此冰层受到太阳辐射的影响较小。

从图中0时、8:00、20:00的温度曲线可以明显看出雪层和冰层的分界面以及冰层和冰下水的分界面，曲线里表现为两个拐点（圆圈所示）。而且3组曲线中雪层和冰层的分界面处于同一位置，与现场实际情况相符。但空气和雪的分界面在曲线中并不明显，分析13:00原始温度数据，大致可以确定空气和雪的分界面。受太阳照射的影响，裸露在空气中的相邻的温度值一高一低，呈现出规律的折线。而雪层内部温度分布大致呈现单调趋势。越靠近冰面，温度越高。以此规律可判断积雪深度。通过分析可以看出，冬季河道垂直温度剖面呈现出规律的分布特性。从空气依次到雪层、冰层、冰下水层，温度逐渐升高。

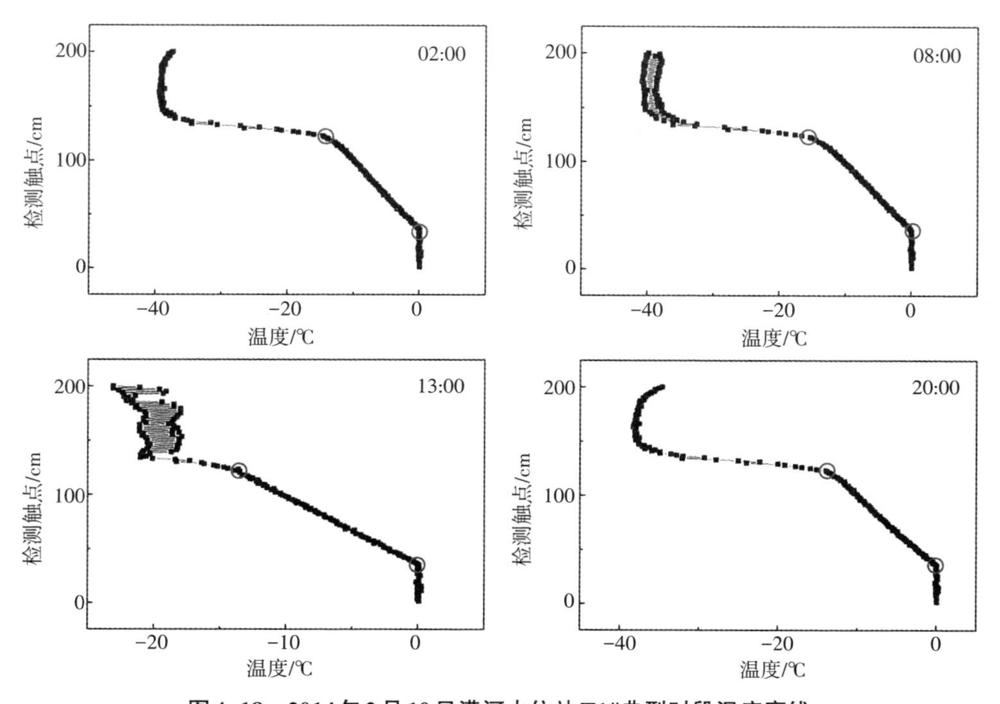

图4-18 2014年2月10日漠河水位站T1#典型时段温度廓线

图4-18为漠河江段河道封冻中期2月10日一天内典型时段温度剖面数据曲线图。从图中可以判断出冰水分界面及雪冰分界面（圆圈所示）。由图可见，由于雪层的保温作用，冰层和空气的热交换减弱，空气中温度分布的线性度很好。8:00空气温度廓线中已经出现折线的现象，说明传感器在8:00已经受到太阳照射。

图4-19为漠河江段河道消融期3月22日一天内典型时段温度廓线。此时冰层温度已上升至-5 ℃以上，冰层已进入快速消融期，由于温度链上的DS18B20温度传感器外壳为不锈钢材质，所以温度链与周围冰层的热交换更快，相对于离温度链更远的大面积冰盖区域，温度链周围的冰将逐渐融化为水，因此在冰层消融的后期，温度链所测到的数据可能与实际情况存在一定差异。这个问题在使用热传导系数更小的柔性温度链后，将会有所改进。

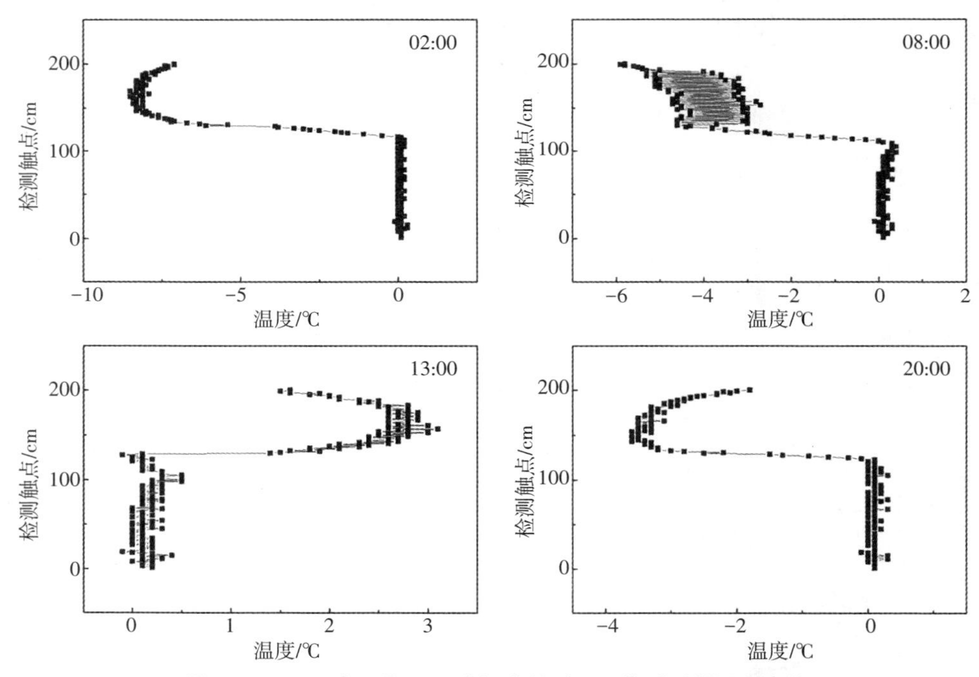

图4-19　2014年3月22日漠河水位站T1#典型时段温度廓线

图4-20为漠河水位站2013年12月21日—2014年3月25日观测周期内每天8:00空气温度与冰层温度、仪器测量与人工观测冰层厚度对比的数据曲线图。冰层温度取值为冰层中间的温度。该观测点冰层在3月中旬进入消融期，为保证设备安全，3月下旬对设备予以拆除。从图中可以看出，空气温度与冰层温度变化趋势一致，观测期内空气与冰层最低温度分别出现在2月4日及2月

14日，分别为-43 ℃和-7.5 ℃。冰层厚度在3月13日达到最大值101 cm。空气温度最低值和冰厚最大值与第3章图3-35中分析的河道同一横断面河心位置情况一致。

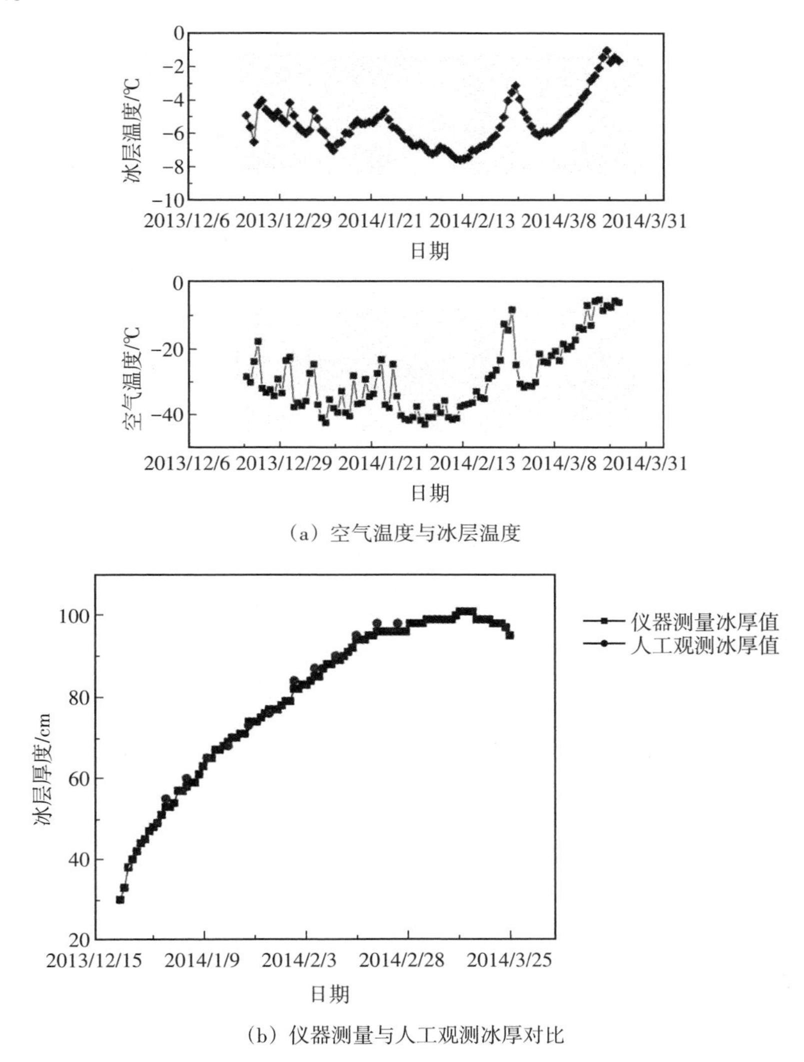

（a）空气温度与冰层温度

（b）仪器测量与人工观测冰厚对比

图4-20　2013年12月21日—2014年3月25日8:00漠河水位站T1#监测系统冰水情数据曲线图

4.4　南极中山站温度分布现场监测分析

中国南极中山站简称中山站，位于南极大陆沿海，地理坐标为东经

76°22′40″，南纬69°22′24″。年平均气温-10 ℃左右，极端最低温度达-36.4 ℃；中山站地区受来自大陆冰盖的下降风影响，常吹东南偏东风，8级以上大风天数达174天，极大风速为43.6 m/s；降水天数162天，年平均湿度54%。中山站有极昼和极夜现象，连续白昼时间54天，连续黑夜时间58天。南极洲每年分寒、暖两季，4—10月是寒季，11—3月是暖季。

国家海洋环境预报中心的科研人员携带课题组研制的R-T冰水情检测传感器参加了第29次南极科学考察，在中山站进行了海冰观测工作。传感器量程为2 m，包括40个温度传感器。相邻温度传感器的间距为5 cm。采集时间为8:00及20:00时，从整点开始每隔6分钟采集一次数据，分别采集4组，即每天可获得8组数据。2013年4月7日及4月9日，科研人员在中山站附近的两个监测点S4及S2进行了安装工作。其中，S4站点监测到2013年4月7日—5月13日的冰情数据，S2站点监测到2013年4月9日—5月16日的冰情数据。由于太阳能电池板故障，之后的数据没有采集到。S4站点冰情设备安装时的初始冰层厚度及积雪深度分别为35 cm和45 mm。S2站点冰情设备安装时的初始冰层厚度及积雪深度分别为88 cm和57 mm。

冰情观测周期内选择4月12日、4月19日、4月26日、5月3日及5月10日一天内8:00S2站点及S4站点的温度分布数据进行分析，如图4-21及图4-22所示。

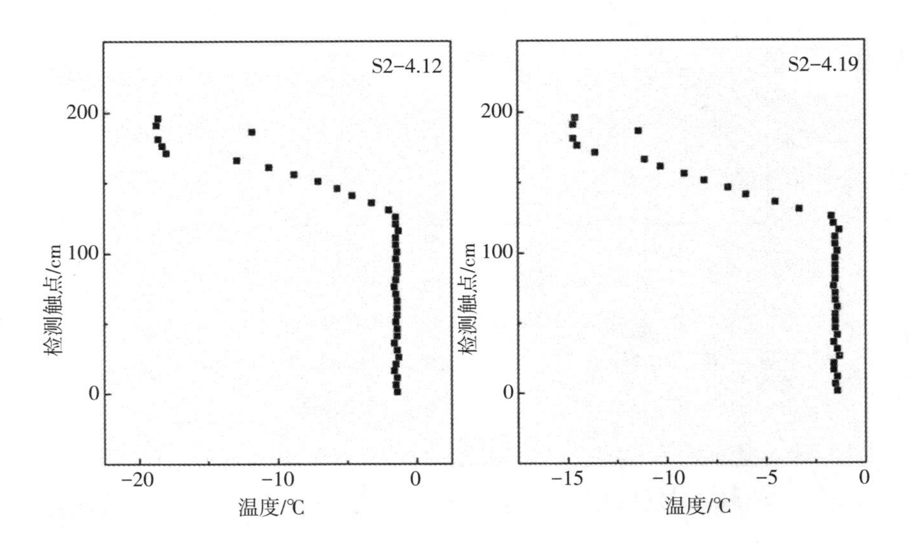

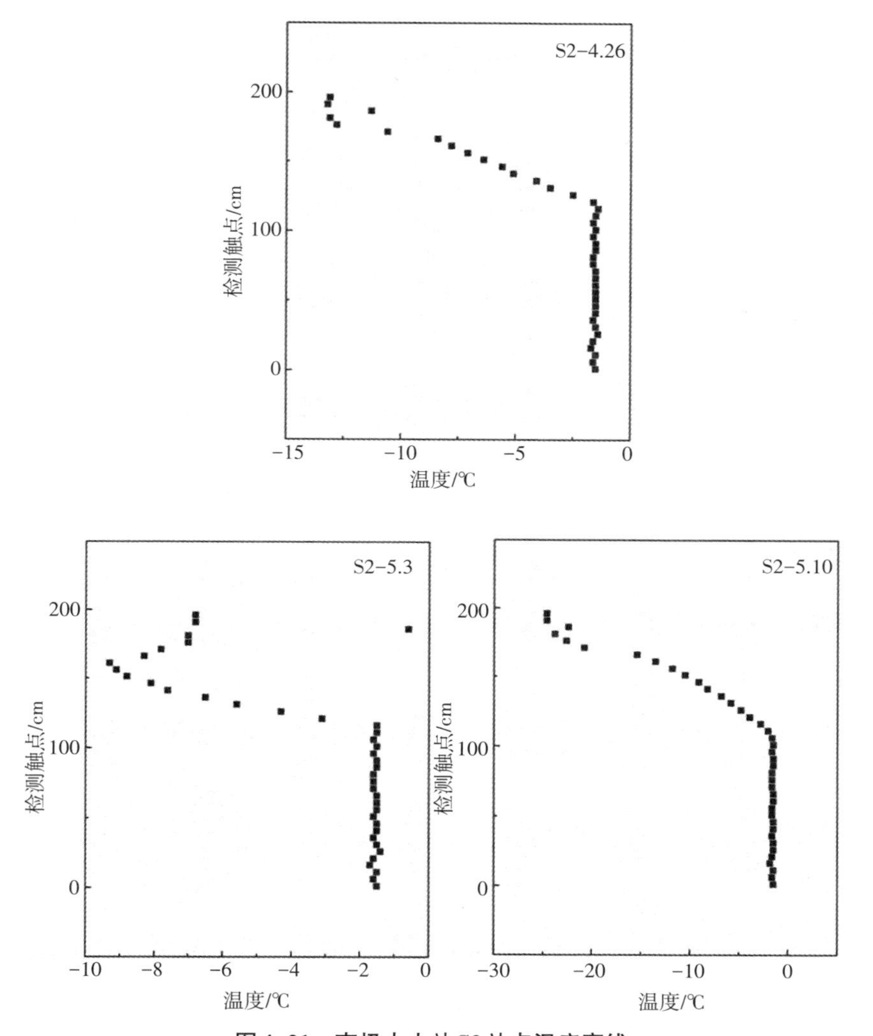

图4-21　南极中山站S2站点温度廓线

从图4-21可以看出，海冰垂直温度剖面的分布情况与河冰基本一致。裸露在空气中的温度传感器受到空气和冰的热交换、风、太阳辐射等因素的影响，因此近冰面空气温度分布呈现不规律的特性。海冰内部的温度廓线基本呈线性分布。与河冰冰下水的温度廓线分布特性不同，受海水盐度的影响，海水的冰点低于河水，因此海冰冰下水的温度基本稳定在-1.8 ℃左右。从整个观测周期来看，海冰下界面随时间变化不断向下变化，证明海冰厚度在不断增长。在冰层增长的过程中，冰层上界面基本保持不变。由于相邻温度传感器间的距离为5 cm，因此通过温度廓线只能大致推算出海冰厚度。

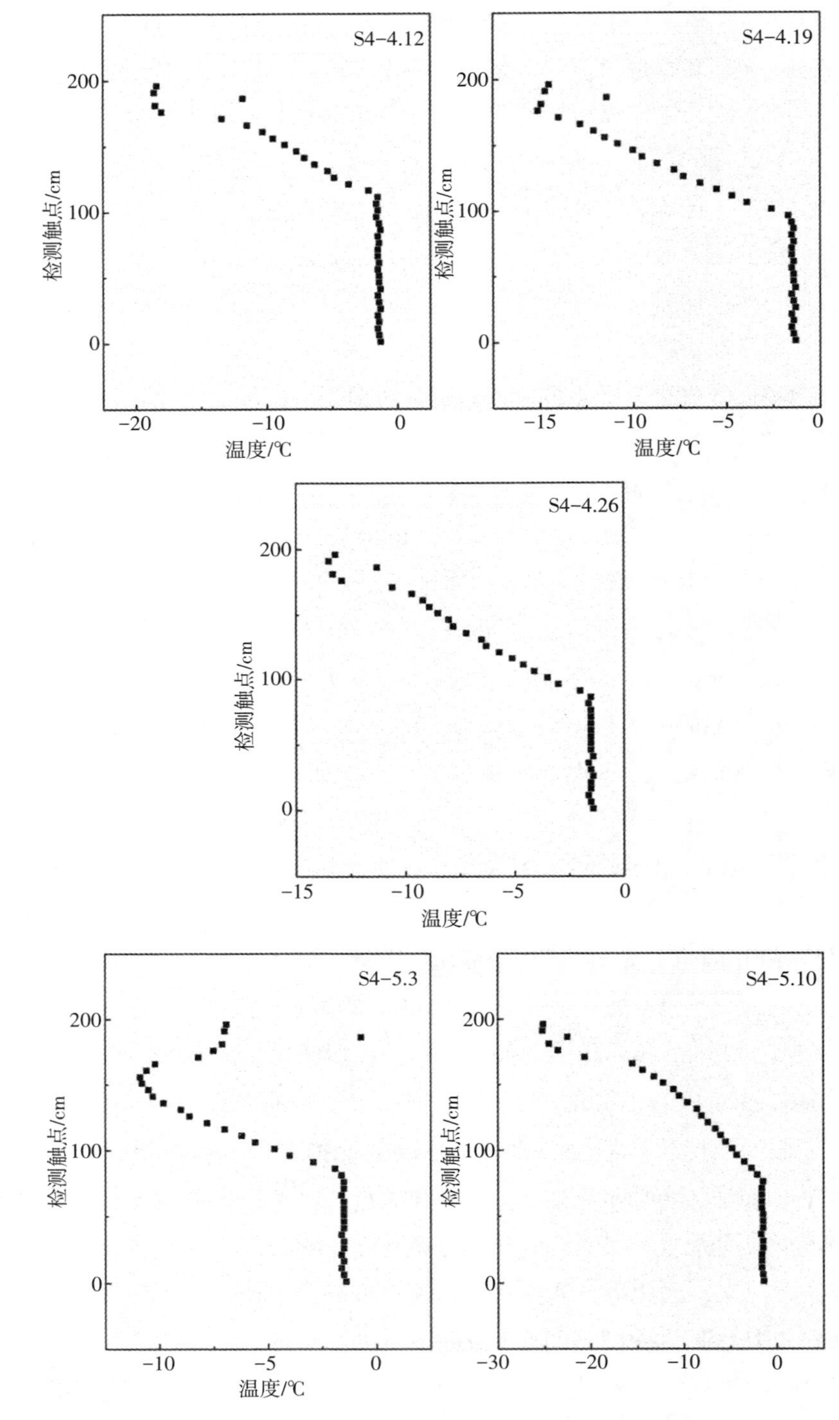

图4-22　南极中山站S4站点温度廓线

分析图4-22可以发现，S4站点与S2站点的海冰垂直温度剖面分布情况一致，不同的是，S4站点海冰厚度要明显大于S2站点，这是因为S4站点的冰层属于多年冰，而S2站点的冰层属于一年冰。

4.5　本章小结

本章介绍了两种不同结构设计的温度链。棒式温度链与周围冰层热传导系数差异较大，使得两者之间的热交换加快。针对此问题，我们设计了热传导系数较小的柔性温度链，且重量轻，携带、安装方便。本章还介绍了冰上有积雪和无积雪两种情况下，根据垂直温度廓线判断冰层厚度的算法，并完成了温度链的校正实验。

我们将棒式温度链安装于黄河河道三湖河口水文站、头道拐水文站、黑龙江漠河水位站及南极中山站冰情观测点，获取了大量的现场实测数据；对河道封冻前期、封冻中期及消融期的温度分布规律进行了分析研究，并对黑龙江漠河江段利用温度链判断冰层厚度与人工观测冰层厚度的结果进行了比较分析，验证了温度链的可靠性。此外，我们还分析了2013年4—5月南极中山站附近两个站点部分典型的温度数据，结果表明与河冰温度分布情况一致，海冰内部的温度廓线大致呈线性分布。不同之处在于，受海水盐度的影响，海水的冰点低于河水，因此海冰的冰下水温基本稳定在-1.8 ℃左右。

第5章　积雪深度的监测

5.1　积雪深度检测原理

光在介质中传播时，光的强度随传播距离（穿透深度）而衰减的现象称为光的吸收。光波通过介质时，其能量总会被介质吸收一部分，完全没有吸收的绝对透明介质是不存在的。

当一束光强为I_0的单色平行光束沿x方向照射均匀介质并在其内传播时，其出射光强为

$$I = I_0 e^{-\alpha l} \tag{5-1}$$

将公式（5-1）两边取对数，得

$$-\alpha l = \ln \frac{I}{I_0} \tag{5-2}$$

其中，I_0表示入射光强；l表示光束垂直通过介质层的厚度；α为一正常数，称为介质对该单色光的吸收系数，其值可由实验测定。公式（5-1）称为布格-朗伯定律。它表明，光强随厚度的变化符合指数衰减规律[120-121]。

介质的吸收系数α的量纲是长度的倒数，单位是cm^{-1}。α^{-1}的物理意义是介质的吸收使光强衰减到原来的$1/e$（约36.8%）时，光所通过的介质厚度。各种介质的吸收系数值差异很大，例如对于可见光波段，在标准大气压下空气的$\alpha \approx 10^{-5}\ \mathrm{cm}^{-1}$，玻璃的$\alpha \approx 10^{-2}\ \mathrm{cm}^{-1}$，金属的$\alpha \approx 10^{-4}\ \mathrm{cm}^{-1}$。一般来说，介质的吸收性能与波长有关，即$\alpha$是波长的函数。

从能量的角度来看，吸收是光能转变为介质内能的过程。若α与光强无关，则称吸收为线性的。在强光作用下某些物质的吸收系数α与光强有关，这时的吸收称为非线性的。

红外光又叫红外线，是波长比可见光要长的电磁波（光），波长为770 nm ~ 1 mm，光谱上红外光位于红色光的外侧。由于空气和雪这两种物质的

结构差异较大，因此两者对红外光的吸收系数存在较大差异，所以红外光穿过之后，光强会呈现出不同程度的衰减特征。

根据空气和雪对红外光的吸收系数不同，我们设计了一种红外发射与红外接收电路，红外发射二极管发出红外光，通过介质传输到红外接收二极管，红外接收二极管根据接收红外光的强度差异呈现出不同的电导率，随着光强的增加，电导率逐渐增大。在一定的接收距离内，采用额定功率的红外发射二极管作为发射光源，红外光穿过空气发射到红外接收二极管上产生的等效电阻值与穿过积雪产生的等效电阻值存在巨大的差异，通过这种差异，可确定被测介质的物理状态。检测原理如图5-1所示。

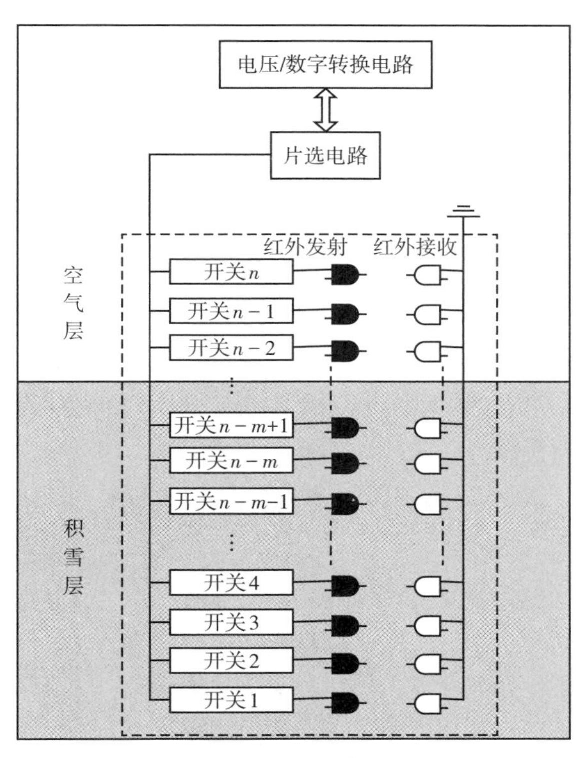

图5-1　积雪深度检测原理

从图5-1中可以看出，冰面上垂直检测区间被划分为空气层和积雪层两个水平区域层，该区域层被n组红外对管切割成n个水平检测回路层。单片机数据采集仪按一定的编码顺序产生译码开关控制信号，使CPLD译码电路按照编码顺序依次导通。当某一刻度译码开关电路导通时，将这一刻度的红外发射管和红外接收管及其中间介质（空气或雪）形成回路，然后通过单片机数据采集仪对其由光线衰减的强度差异产生的等效电阻值进行采集。

5.2 光电式积雪深度传感器检测电路设计

积雪深度传感器检测电路部分由红外发射、接收的对管组成。红外发射管内部核心结构为一个高红外辐射效率的PN结，该PN结受到正向偏压激发后会产生波长为880 ~ 1040 nm的红外光。红外发射管光功率在额定范围内与电流成正比，当电流超过额定阈值后，红外光功率与其成反比，直至器件损坏。红外接收二极管内部核心结构为一个高灵敏度、具有单向导电性的光敏PN结，在该PN结施加反向电压后便可用于接收、检测外界光照。无外界光照时，此光敏PN结截止，仅产生微弱的饱和反向漏电流；而有光照时，此饱和反向漏电流瞬间变大，从而形成光电流。在一定范围内，光电流大小与入射光强度成正比。

常见的红外发射二极管和红外接收二极管的外形和LED相似，根据其透镜直径，可以分为3 mm和5 mm两种类型，通常较长的引脚为正极，较短的引脚为负极。可选用台湾亿光生产的直径为3 mm的IR204C-A和PT204-6B分别作为红外发射管和红外接收管。由IR204C-A光谱特性曲线和PT204-6B波长响应特性曲线可知，PT204-6B对IR204C-A发出的峰值为940 nm的红外光具有几乎最高的响应。工作温度为-40~85 ℃，基本满足现场低温环境要求。

根据实际应用需求不同，红外发射、接收对管相对安装位置一般分为对射和反射两种。对射安装方式是将发射管和接收管在同一水平位置相对固定，主要用于检测二者间是否存在遮光物。反射安装方式则是将发射管与接收管并排安装在同一水平位置，发射管发出红外光，遇到物体后反射回接收管。积雪深度传感器红外发射、接收对管采用对射安装方式，发射管与接收管的接收距离要根据发射管功率确定，通常情况下，发射功率越大，发射距离越小，红外光在传播的过程中衰减越小。

当需要较大红外光传输长度时，可以考虑选用脉冲调制光，以达到提高发射管峰值电流的目的。但是，二极管的压降通常不大于1.4 V，工作电流小于20 mA，为了保证其工作时的额定功率，还必须考虑在电路中串联限流电阻。在3.3 V供电电压下，选用100 Ω的限流电阻。积雪深度传感器中单元检测电路如图5-2所示。

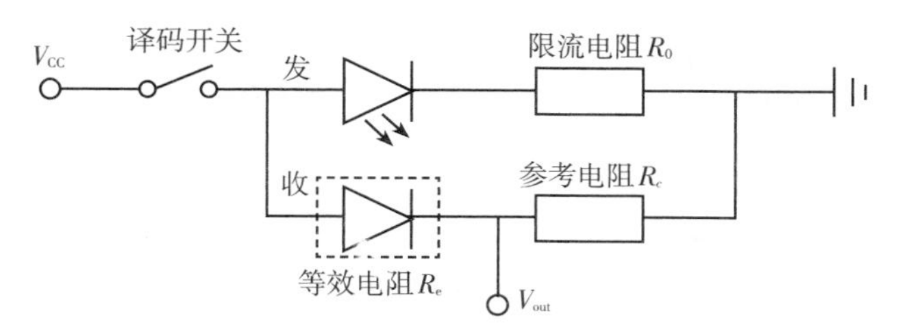

图5-2　积雪深度传感器单元检测电路

图5-2中所示的单元检测电路中采用了电路理论的电阻分压方法。其中红外发射二极管与接收管之间为空气、雪等被检测介质，其产生的等效电阻值为R_e。参考电阻R_c选用阻值为15 MΩ的分压电阻。分压电阻两端产生的检测电压值为V_{out}，接入A/D转换电路，将电压信号转换为数字信号。根据电路理论中电阻分压原理，可以推导出被测介质的等效电阻R_e计算公式为

$$R_e = R_c\left(\frac{V_{cc}}{V_{out}} - 1\right) \tag{5-3}$$

将采集到的各回路电压值V_{out}代入公式（5-3），得到各检测回路介质的等效电阻值R_e，由此可以反推出该检测回路介质的物理状态，再结合特定的算法便可得出冰上积雪深度值。

红外发射管与接收管之间接收距离的选择关系到被测介质的区分度。采用图5-2所示检测电路，在发射管与接收管之间放入人工雪粉，并与无雪粉时进行对比测试。考虑到现场实际情况，尽可能保证雪能进入发射管与接收管之间的空气，设置接收距离分别为3，5，8，10，12，15 cm。每一距离连续进行3次数据采集，结果如表5-1所示。

表5-1　红外对管间有雪与无雪时不同接收距离下的检测电压

接收距离/cm	3	5	8	10	12	15
有雪电压/V	0.66	0.56	0.47	0.34	0.34	0.33
无雪电压/V	3.29	3.29	3.26	1.59	0.97	0.45
有雪电压/V	0.67	0.55	0.51	0.34	0.35	0.33
无雪电压/V	3.29	3.28	3.20	1.62	1.01	0.47
有雪电压/V	0.63	0.61	0.53	0.35	0.34	0.33
无雪电压/V	3.29	3.26	3.25	1.60	0.99	0.46

分析表5-1可知，当红外对管之间有雪时，电压值随接收距离增大逐渐减小。当红外对管间无雪时，在接收距离小于8 cm时，红外光穿过空气时几乎没

有衰减，对管间产生的电压约等于电源电压；接收距离大于8 cm时，红外光衰减增加，电压值逐渐减小；接收距离为8 cm时，有雪和无雪时产生的电压值差异最大，因此最佳接收距离为8 cm。

5.3　光电式积雪深度传感器设计

积雪深度传感器量程设计为64 cm，32对红外对管按2 cm间隔等距离安装于PVC线槽模具上。积雪深度传感器实际使用时，红外管裸露的球面透镜将直接与被测介质（空气或雪）接触，因此需浇注环氧树脂对传感器进行防水处理。为了便于积雪深度传感器安装固定，在传感器底部嵌入2根钢钎，安装时将钢钎插入冰中完成固定。积雪深度传感器实物如图5-3所示。

图5-3　光电式积雪深度传感器实物图

5.4　黑龙江河道雪深现场监测

5.4.1　现场观测环境

积雪深度监测系统“漠河2013-S1#”与温度链“漠河2013-T1#”均安装于河道靠近岸边位置。

5.4.2　现场数据分析

光电式积雪深度传感器与温度链在同一时刻安装于冰雪检测现场，积雪深度传感器主要通过A/D转换电路检测分压电阻上的电压值来判断红外对管所检测介质层的类型，并进一步得到冰上积雪的深度值。

在积雪深度传感器安装现场恢复自然稳态后，选取2014年2月1日4:00积雪深度传感器采集的电压数据进行分析，并绘制积雪深度传感器数据曲线，如图5-4所示。

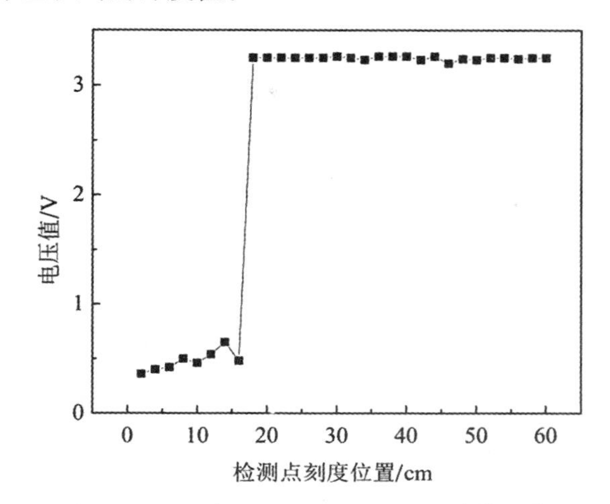

图5-4 2014年2月1日4:00积雪深度传感器电压数据曲线

由图5-4所知，在积雪中红外发射二极管发出的光由于受到积雪的阻隔未能发射到红外接收二极管，在红外接收二极管上未能形成光电流，那么回路分压电阻上的电压值较小，而在空气中电压值较大。由于空气和积雪的结构差异很大，因此反映在分压电阻上的电压数值上的差异也比较大。空气和积雪的分界面区分度较好，因此可以用阈值法来判别积雪的深度，通常情况下积雪中电压值不大于1.0 V，而空气中的电压值会大于2.0 V。

为了反映积雪深度的变化情况，必须能够准确判别每天的积雪深度值。为了验证阈值法判断积雪深度的准确性和可靠性，对2014年2月1日全天整点时刻24组积雪深度数据进行对比分析，积雪深度对比曲线如图5-5所示。

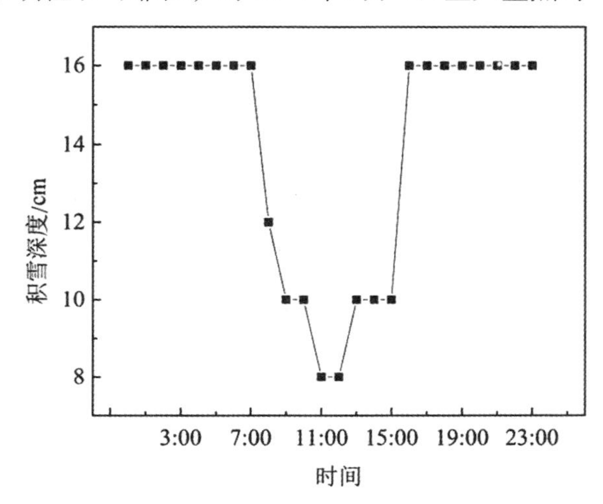

图5-5 2014年2月1日不同时刻积雪深度曲线

分析图5-5可知，一天内不同时刻的积雪深度值差异较大。8:00—15:00雪深数据明显小于其他时间段，与现场实际观测情况存在差异，这是由太阳光中的红外光对红外对管产生的干扰造成的。为了减小太阳光造成的扰动误差，判别积雪深度时要选择没有太阳光照射时进行判断。

为了研究冰层表面积雪深度变化规律，选择2014年1月1日到2014年3月25日每天0时数据，并用积雪深度判别方法得到每天的雪深值，最后绘制出积雪深度变化曲线，如图5-6所示。

积雪深度在2014年1月7日达到峰值16 cm，并一直保持不变。3月初气温回暖，冰上积雪表面开始发生缓慢消融现象；3月下旬积雪全部消失，表明气温开始回暖。从图5-6可以看出，人工观测与仪器检测雪深数据基本保持一致。

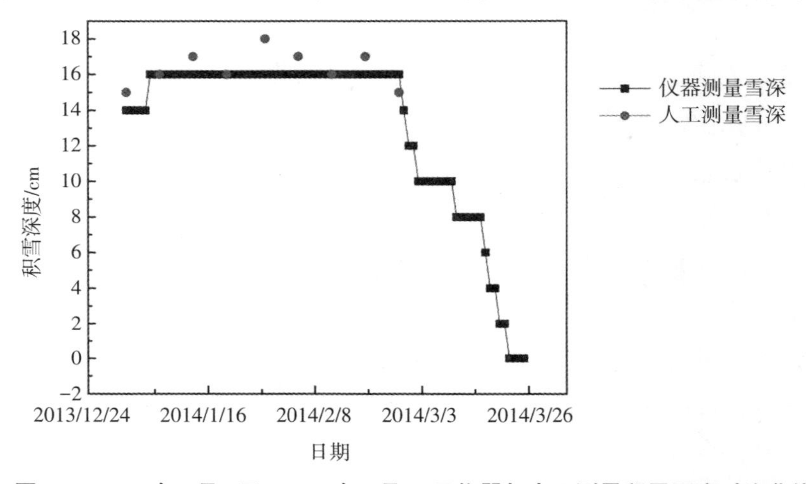

图5-6　2014年1月1日—2014年3月25日仪器与人工测量积雪深度对比曲线

5.5　本章小结

本章介绍了基于空气和雪对红外光的吸收系数不同（即红外光穿过空气和雪时呈现出的强度衰减特性差异）进行积雪深度检测的基本原理，选用红外发射二极管和红外接收二极管设计了单元检测电路，介绍了光电式积雪深度传感器的结构设计。通过实验选定了红外对管间的最佳接收距离。将该传感器应用于黑龙江流域漠河江段，获得了2014年1—4月积雪深度变化曲线，并与人工观测数据进行了对比，结果表明两者观测结果基本一致。

第6章　静冰压力的监测

6.1　静冰压力光纤传感器类型确定

光纤传感器是以光纤作为信息的传输媒质、以光作为信息载体的一种传感器。它是伴随着光纤及光通信技术的发展而逐步形成的[122]。

光纤传感器包括对外界被测物理量的感知和传输两种功能。所谓感知，是指外界被测物理量对光纤中传播的光波特征参量实施调制，使其随被测物理量的变化而变化，这样通过测量光波特征参量的变化即可感知外界被测物理量的变化。所谓传输，是指通过光纤将受外界被测物理量调制的光波传输到光电转换器件进行检测，通过信号处理将外界被测物理量的变化从光波中提取出来，即进行解调。因此，光纤传感器一般由光源、光纤、传感头、光电转换器件和信号处理系统等5部分组成，如图6-1所示。

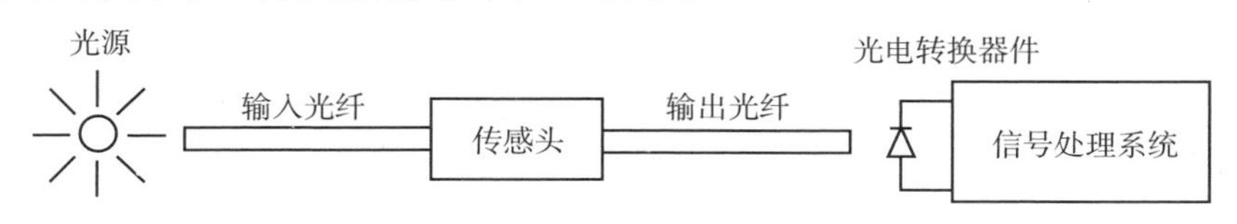

图6-1　光纤传感器组成示意图

光纤传感器的基本工作原理是将来自光源的光波作为载波，经入射光纤传输到传感头，光波的某些特征参量在传感头内被外界被测物理量所调制，被调制后的光波经出射光纤传输到光电转换器件，经光电转换器件转换成电信号，再由信号处理系统解调后，得到被测物理量的大小和状态。其中，光源可采用白炽灯、气体激光器、半导体激光器（LD）、发光二极管（LED）等。传感头可以是光纤本身或其他敏感器件，由于光波特征参量是在传感头内被被测物理量所调制，因此，传感头也称为调制区。所用光纤除通信光纤外，还用到各种特种光纤，例如特殊材料光纤、特殊涂层光纤以及特殊结构光纤。光电转换器件主要采用PIN光电二极管、雪崩光电二极管（APD）、光电三极管和CCD阵列等。

光纤传感器可以分为传感型与传光型两大类。利用其他敏感元件感受外界被测物理量的变化，光纤仅作为光的传输介质的，称为传光型（或非功能型）光纤传感器。利用外界物理因素改变光纤中光的强度（振幅）、相位、偏振态或波长（频率），从而对外界因素进行测量和数据传输的，称为传感型（或功能型）光纤传感器。它具有传、感合一的特点，信息的获取和传输都在光纤之中[123-124]。

光纤传感器可以实现多种物理量的检测，包括温度、压力、位移、加速度等。而用于压力检测的光纤传感器一般包括强度调制型、相位调制型和偏振态调制型。考虑到相位调制型和偏振态调制型光纤传感器结构复杂、成本高、解调电路复杂的缺点，本研究选用适合于工程应用的强度调制型光纤传感器，以实现对光强度的检测，虽然此类传感器受到光源功率波动的影响，但可通过改进光纤束结构实现对光源功率波动的有效抑制[125]。选择弹性平膜片作为压力敏感元件，通过将压力信号转换为光强度信号，间接测量静冰压力的检测方法。

6.2 静冰压力膜盒式光纤传感器检测原理

静冰压力膜盒式光纤传感器检测原理如图6-2所示，传感器探头由感受静冰压力带有弹性平膜片敏感元件的新型压力膜盒（I型压力膜盒）和带有光源功率参考检测光纤束的改进Y型光纤束（Y-I型光纤束）构成。LED光源发出的红外光进入发射光纤束，被分为两部分：一部分光通过参考光纤束直接传输到光电探测器1（PT1），用于测量光源功率波动；另一部分传输到弹性平膜片中心，形成反射光（即信号检测光），进入接收光纤束并传输到光电探测器2（PT2），对信号光进行检测。弹性平膜片采用北京钢铁研究总院特制的3J21膜片。当压力膜盒受静冰压力作用致使弹性平膜片产生弹性变形时，静冰压力信号转变成弹性平膜片中心的微小位移信号，引起接收光纤束中信号光强的变化，之后通过光电探测器对光强的检测获得弹性平膜片中心微小位移变化量，从而实现对静冰压力的测量[126-127]。

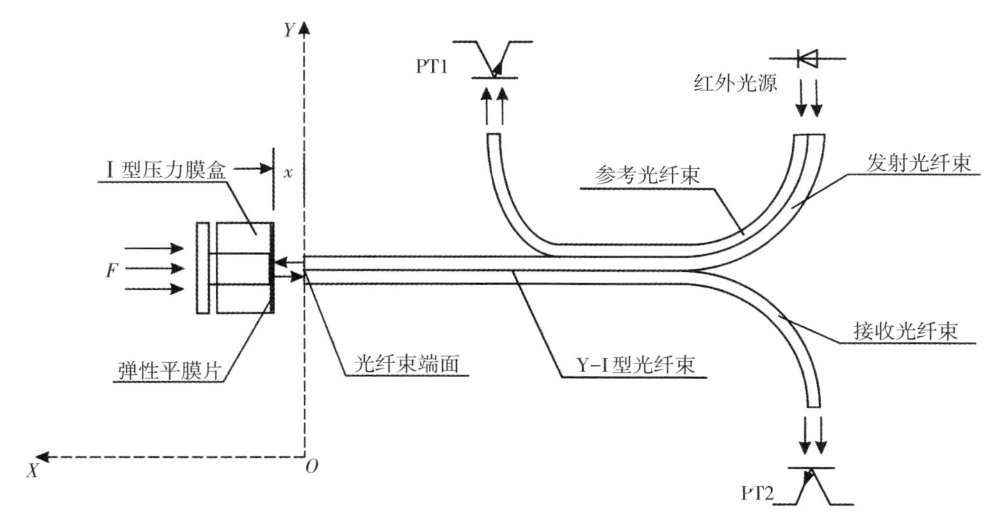

图6-2　静冰压力膜盒式光纤传感器检测原理示意图

理想情况下，接收光纤束中光强与光电探测器2输出的反射电压值成正比，如公式（6-1）。其中V_R为反射电压值，k_1为常数，x为Y-I型光纤束端面与弹性平膜片中心的距离，P_0为红外发光二极管发光功率。

（6-1）

但是在实际工程应用中，光源发射功率因受到环境温度和工作时间等因素的影响不可避免会产生波动，因此使用参考光纤束消除光源功率波动产生的测量误差。增加光源参考光纤束后得到与平膜片中心位移相关的比值R_V，为无量纲，可由公式（6-2）计算。其中k_2为常数，V_{REF}为参考光纤束中与光强度大小相关的电压值，称为参考电压值。

$$R_V = \frac{V_R}{V_{REF}} = \frac{k_1 P_0}{V_{REF}} x = k_2 x \qquad (6\text{-}2)$$

6.3　静冰压力监测系统设计

静冰压力数据的采集和处理通过以低功耗MSP430F1611系列单片机为核心的检测系统控制完成。静冰压力检测系统主要由光学模块和单片机控制模块两部分组成。其中，光学模块由I型压力膜盒、Y-I型光纤束、LED红外光源和光电探测器组成；单片机控制模块由光源调制电路、光接收电路、AD转换器、

温度传感器电路、数据存储电路和数据发送电路构成，如图6-3所示。系统采用16位高精度A/D转换器。分辨率可达0.02 kPa。

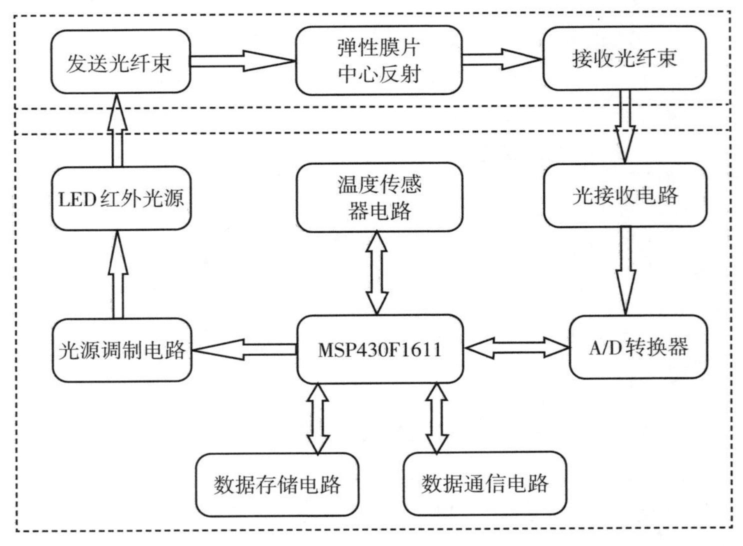

图6-3　检测系统结构图

图6-3上方虚线框是静冰压力检测装置光纤探头部分，安装于冰层中，用于采集静冰压力信号；图6-3下方虚线框是静冰压力检测装置单片机控制部分，主要实现静冰压力检测、数据存储与数据远程发送的功能。为了实现对现场静冰压力的实时监控，可通过GPRS网络将每天采集的静冰压力数据自动发送回监控中心，实现对静冰压力数据的远程实时连续监测。

6.3.1　静冰压力膜盒式光纤传感器

6.3.1.1　压力膜盒设计

为消除传统电阻应变式压力膜盒传感器因四周边壁效应产生的测量误差，可使用一个中心带杆的不锈钢圆盘作为静冰压力的承压板，将作用在承压板上的静冰压力通过连接杆传递到弹性平膜片中心。Ⅰ型压力膜盒式光纤传感器结构如图6-4所示，弹性平膜片固定在法兰盘底座内的环形台阶上，中心带杆的不锈钢圆盘固定于平膜片中心上方，光纤束探头通过法兰盘底座内螺纹管道及两个固定螺钉固定于平膜片下方并正对平膜片圆心位置。另外，为避免承压板和膜片之间的空腔进水冻结成冰后影响力的传递，可采用与膜盒外壁高度贴合的耐低温硅胶管将承压板侧面与膜盒空腔外壁套住，其中承压面要暴露于空气中，用两个带螺口的圆形不锈钢卡箍将硅胶管卡住并拧紧螺丝，以达到密封防水的目的。

图6–4中弹性平膜片属于薄板小挠度弯曲问题。在弹性力学里，两个平行面和垂直于这两个平行面的柱面所围成的物体，称为平板，或简称为板。这两个平行面称为板面，而这个柱面称为侧面或板边。两个板面之间的距离t称为板的厚度，而平分厚度t的平面称为板的中间平面，简称为中面。如果板的厚度t远小于中面的最小尺寸b（例如$b/8 \sim b/5$），这个板就称为薄板，否则就称为厚板[128-129]。

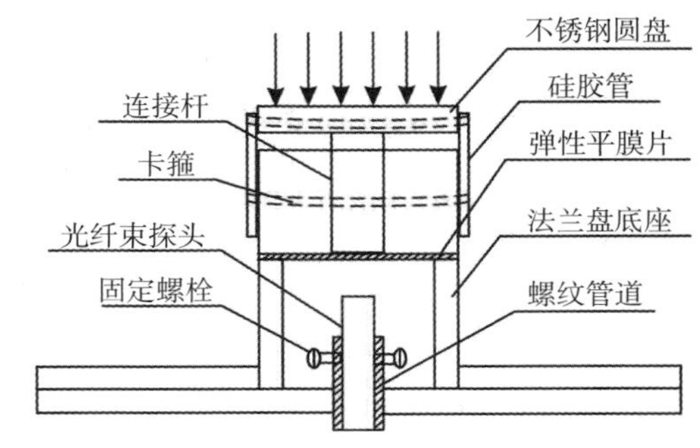

图6–4　I型压力膜盒结构示意图

当薄板受到一般荷载时，会把每一个荷载分解为两个分荷载：一个是作用在薄板中面之内的纵向荷裁；另一个是垂直于中面的横向荷载。对于纵向荷载，可以认为它们沿平板厚度均匀分布，因而它们所引起的应力、形变和位移，可以按平面应力问题进行计算。横向荷载将使薄板弯曲，它们所引起的应力、形变和位移，可以按薄板弯曲问题进行计算。当薄板弯曲时，中面所弯成的曲面，称为薄板的弹性曲面，而中面内各点在横向的（即垂直于中面方向的）位移，称为挠度。薄板虽然很薄，但仍然具有相当的弯曲刚度，因而它的挠度远小于它的厚度。

设有半径为a的固支边圆板，在半径为b的中心圆面积上受均布荷载q_0，如图6–5所示。这实际上是圆形薄板的轴对称弯曲问题。

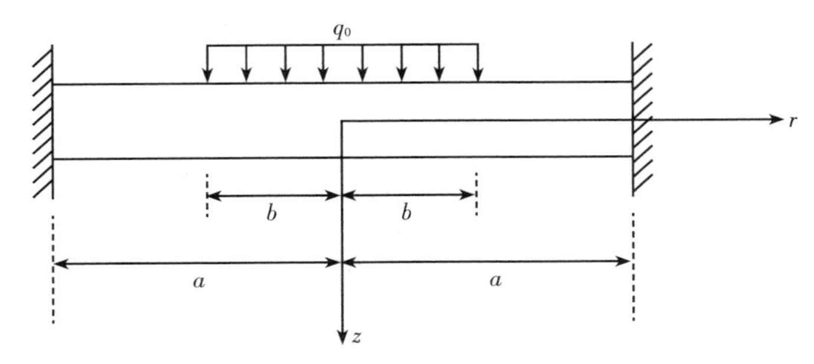

图6–5　局部均布受载的圆板模型简化图

取挠度的表达式为

$$\omega=\left(1-\frac{r^2}{a^2}\right)^2\left[C_1+C_2\left(1-\frac{r^2}{a^2}\right)+C_3\left(1-\frac{r^2}{a^2}\right)^2+\cdots+C_m\left(1-\frac{r^2}{a^2}\right)^{m-1}\right]\qquad(6\text{–}3)$$

其中，C_m 为互不依赖的m个待定系数，

式（6–3）可以满足位移边界条件

$$(\omega)_{r=a}=0,\quad\left(\frac{\mathrm{d}\omega}{\mathrm{d}r}\right)_{r=a}=0$$

并且反映了位移的轴对称条件

$$\left(\frac{\mathrm{d}\omega}{\mathrm{d}r}\right)_{r=0}=0$$

现在，试在式（6–3）中只取一个待定系数，也就是取

$$\omega=C_1\omega_1=C_1\left(1-\frac{r^2}{a^2}\right)^2\qquad(6\text{–}4)$$

求出ω的一阶及二阶导数：

$$\frac{\mathrm{d}\omega}{\mathrm{d}r}=-\frac{4C_1}{a^2}\left(1-\frac{r^2}{a^2}\right)^2 r$$

$$\frac{\mathrm{d}^2\omega}{\mathrm{d}r^2}=-\frac{4C_1}{a^2}\left(1-3\frac{r^2}{a^2}\right)^2$$

代入下式：

$$U=\pi D\int\left[r\left(\frac{\mathrm{d}^2\omega}{\mathrm{d}r^2}\right)^2+\frac{1}{r}\left(\frac{\mathrm{d}\omega}{\mathrm{d}r}\right)^2\right]\mathrm{d}r$$

其中，U为形变势能，D为平膜片抗弯强度。

注意积分的极限是从0到a，得

$$U=\pi D\int_0^a\left\{r\left[\frac{4C_1}{a^2}\left(1-3\frac{r^2}{a^2}\right)\right]^2+\frac{1}{r}\left[\frac{4C_1}{a^2}\left(1-\frac{r^2}{a^2}\right)r\right]^2\right\}\mathrm{d}r=\frac{32\pi DC_1^{\ 2}}{3a^2}$$

从而得出

$$\frac{\partial U}{\partial C_m}=\frac{\partial U}{\partial C_1}=\frac{64\pi DC_1}{3a^2}\qquad(6\text{–}5)$$

另外，

$$\frac{\partial U}{\partial C_m}=2\pi\int q\omega_m r\mathrm{d}r\qquad(6\text{–}6)$$

其中，ω_m 为满足薄板位移边界条件的设定函数。

由式（6-4）得

$$2\pi\int q\omega_m r\mathrm{d}r = 2\pi\int_0^b q_0\left(1-\frac{r^2}{a^2}\right)^2 r\mathrm{d}r = \frac{\pi q_0 b^2}{3}\left(3-3\frac{b^2}{a^2}+\frac{b^4}{a^4}\right) \tag{6-7}$$

将公式（6-5）及公式（6-7）代入公式（6-6），求出C_1，再将求得的C_1代入式（6-4），即得挠度的解答：

$$\omega = \frac{q_0 a^4}{64D}\left(3-3\frac{b^2}{a^2}+\frac{b^4}{a^4}\right)\frac{b^2}{a^2}\left(1-\frac{r^2}{a^2}\right)^2 \tag{6-8}$$

当$r=a$时，可得到圆形薄板中心点的挠度

$$\omega = \frac{q_0 a^4}{64D}\left(3-3\frac{b^2}{a^2}+\frac{b^4}{a^4}\right)\frac{b^2}{a^2} \tag{6-9}$$

当整个薄板受均布荷载q_0时，$b/a=1$，由式（6-9）得

$$\omega = \frac{q_0 a^4}{64D}\left(1-\frac{r^2}{a^2}\right)^2 \tag{6-10}$$

设计压力膜盒时必须保证其测压范围大于冰压的极限值。测压范围设定为0~1000 kPa。为保证弹性平膜片工作在弹性变形区域，不发生塑性变形，平膜片工作区中心的最大位移不能大于膜厚的$\frac{1}{3}$~$\frac{1}{2}$。根据以上圆形薄板轴对称弯曲问题的分析，Ⅰ型压力膜盒的受力示意图可以简化成图6-6，压力膜盒可承受的载荷可由式（6-9）、式（6-11）和式（6-12）计算。

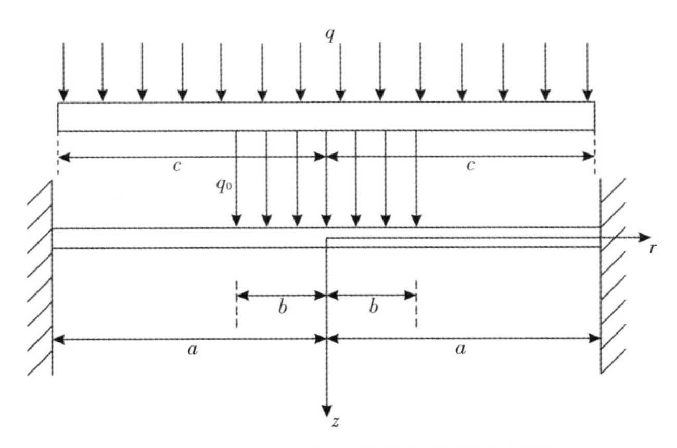

图6-6　Ⅰ型压力膜盒简化模型受力图

其中，

$$D = \frac{Eh^3}{12(1-\mu^2)} \tag{6-11}$$

$$q=\frac{q_0 b^2}{c^2} \tag{6-12}$$

式中，q为作用于承压板上的均布载荷；q_0为通过连接杆传递到弹性平膜片上的局部集中载荷；D为平膜片抗弯强度；a为平膜片的工作半径；b为连接杆半径，即受局部集中载荷q_0中心圆的半径；c为承压板的半径；E为平膜片材料的弹性模量；m为平膜片材料的泊松比；ω为平膜片中心的位移量；h为平膜片厚度。ω取值为膜厚的$\frac{1}{3}$~$\frac{1}{2}$。选用的弹性平膜片弹性模量$E=2.155\times10^5$ MPa，取$\omega=\frac{1}{2}h$，$a=20$ mm，$b=8$ mm，c=24 mm，$\mu=0.3$，$h=1.0$ mm，代入上述公式得到作用于承压板上的最大均布载荷$q=1076.72$ kPa。

6.3.1.2 光纤束设计

光纤束按照发送光纤和接收光纤在公共端面的排列方式不同，可分为随机型、同轴Ⅰ型、同轴Ⅱ型、半圆型等，如图6-7所示。其中，黑色为发送光纤，白色为接收光纤。

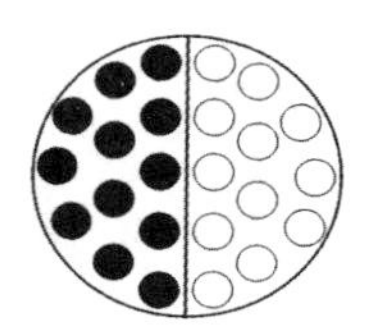
(a) 半圆型分布

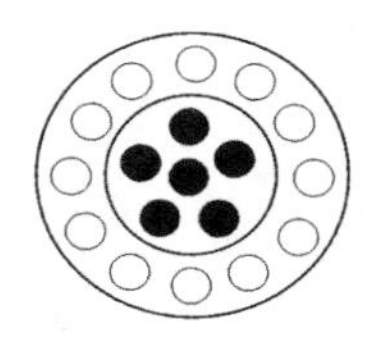
(b) 同轴Ⅰ型分布

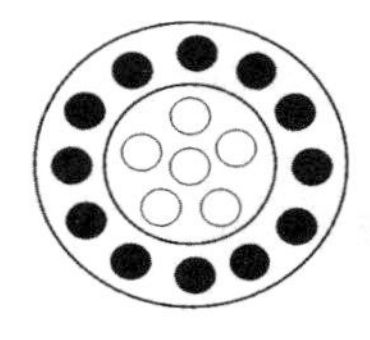
(c) 同轴Ⅱ型分布

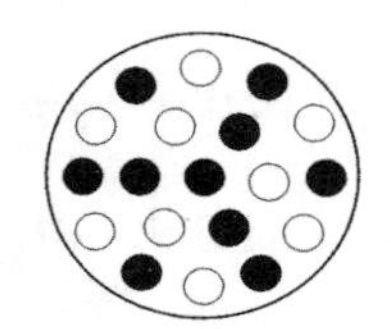
(d) 随机型分布

图6-7 光纤束分布类型

不同分布类型的光纤束在同样条件下表现出不同的强度调制特性[130]。对于压力光纤传感器来说，主要考虑的参数是特性曲线中的前坡特性。优先选择前坡灵敏度高、线性度好、线性区域宽的光纤束。综合考虑，本系统中的光纤束包括随机型和同轴Ⅰ型两种，以下试验中均采用同轴Ⅰ型分布光纤束。

静冰压力膜盒式光纤传感器属于传光型光纤传感器，因此静冰压力的检测能力多取决于光纤束光信号的能力，本系统选用传递光通量大、纤芯直径大且受环境影响小的多组分玻璃光纤，其芯料为高折射率的光学玻璃，皮料为低折射率的玻璃。

光纤束共有3条，其结构如图6-8所示。其中b为发射光纤束，a为接收光纤束，c为参考光纤束。增大光纤束的通光芯径能提高接收端的光强度，从而提高静冰压力的信号强度，因此设计a端面通光芯径为$\phi4$，b端面通光芯径为$\phi4$，c端面通光芯径为$\phi1$，b、c同轴型分布，c光纤束位于b端同轴型分布的中心，d端面则自然形成一个通光芯径尺寸，也为同轴型分布，发射光纤束b位于d端同轴型分布的中心位置，接收光纤束a位于外圆位置。

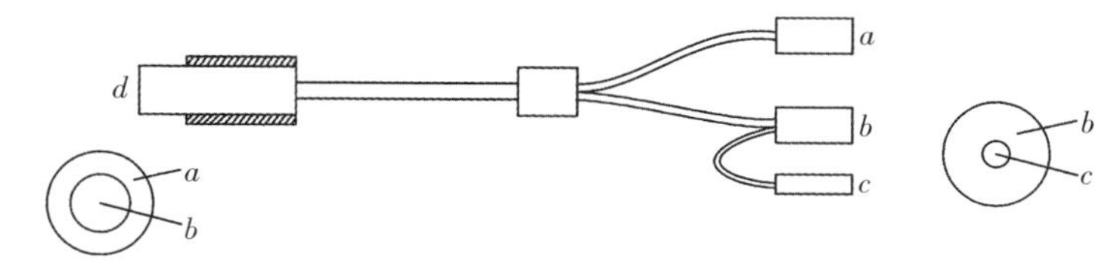

图6–8 光纤束结构示意图

a，b，c光纤束均与发光二极管或光电探测器直接耦合，并且光纤束端面与光电管紧靠在一起，以达到最大耦合效率，因此需要使用非金属材料作为耦合套管，起到与光电管外壳绝缘的作用。为了使光纤束端面d便于固定，设计了法兰盘底座，底座内螺纹与d端后部凸出的外螺纹相配合，可用于精确调整d端面与反射面的距离，调整到合适的距离后即可在底座侧面加装螺丝固定。

6.3.2 光电转换电路

6.3.2.1 光发射电路

光发射电路中，红外光源的选择应注意以下几点：① 光源辐射功率应尽量大，这样可以保证传输到光电探测器的光功率足够大，同时系统信噪比也足够大；② 光电探测器对发光二极管峰值波长具有良好的响应特性；③ 光源光谱特性应与光纤光谱特性相互匹配，以便获得较好的光耦合和光传输效率。

基于以上原则，选用Honeywell公司的SE5470发光二极管（图6–9中的D1）。此发光二极管发出20°的红外窄光束，光源光谱的峰值波长为880 nm。

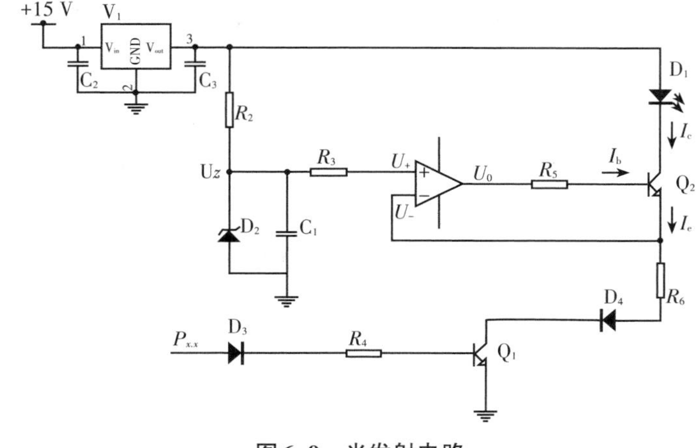

图6–9 光发射电路

发光材料为AlGaAs化合物半导体，与传统的GaAs（砷化镓）化合物半导体材料相比，在同样的驱动电流作用下，AlGaAs具有更高的发光功率。最大前向连续电流为100 mA，最大功率输出为7 mW，最大冲击电流为3 A。工作环境温度范围为−55~125 ℃，满足冬季设备使用要求。

由于直流光源电路不可避免地会产生零点漂移现象，设计了调制光源电路，如图6−9所示。

图6−9中三极管Q_2的集电极电流I_c为D_1的工作驱动电流，为了抑制I_c的波动，在Q_2发射极引入反馈回路，电路工作原理如下：

$$U_0\uparrow\rightarrow I_b,\ I_c,\ I_e\uparrow\rightarrow U_-\uparrow\rightarrow U_0\downarrow\rightarrow I_b,\ I_c,\ I_e\downarrow\rightarrow U_-\downarrow\rightarrow U_0\uparrow$$

由 $I_b=\dfrac{U_0-(I_e\cdot R_6+0.7)}{R_5}$，$I_e=(1+\beta)I_b$，$I_c=\beta I_b$，可得 $I_c=\dfrac{(U_0-0.7)\cdot\beta}{R_5+(1+\beta)R_6}$，当$U_o$最终达到稳定时，$I_c$也随之达到恒定值。

在电路上电瞬间，U_+为电源电压，$U_-=0$，此时会产生很大的U_0和I_c，可能导致发光二极管D_1因电流过大而烧坏，加入稳压二极管D_2和充电电容C_1，可起到保护电路的作用。

$P_{x.x}$与MSP430F1611单片机P3.0相连，单片机通过改变$P_{x.x}$口的高低电平控制三极管Q_1的通断状态，从而使流过发光二极管D_1的驱动电流变为周期为T的周期性调制信号，不仅可以有效抑制零点漂移，也可降低光电管功率损耗，实现静冰压力检测系统整体的低功耗。

6.3.2.2 光探测电路

光电探测器的作用是将光信号转变为电信号。选择光电探测器的原则为：① 探测器应与发光管有良好的匹配特性，保证在工作波段内保持较高的灵敏度；② 选用暗电流、漏电流和并联电导尽可能小的光电探测器，以确保引入噪声尽量小；③ 尺寸小，且便于与光纤束耦合；④ 偏压或偏流不宜过高。相对于光敏二极管，光敏三极管具有光电流放大作用，可提高光信号检测灵敏度。

综合考虑以上因素，选用Honeywell公司的SD5443型号光电晶体管作为光电探测器。此光电晶体管光接收窗口集成玻璃透镜，具有18°的窄接收角。其集电极−发射极间电压最大不能超过30 V，发射极−集电极间电压最大不能超过5 V，最大功耗为150 mW。工作温度为−55~125 ℃，在极低温恶劣的气候环境下能够正常工作。

静冰压力信号转换为光强信号后，通过接收光纤束传输至SD5443，直接耦合后实现光电转换。由SE5470光谱特性曲线和SD5443波长响应特性曲线可知，SD5443对SE5470发出的峰值为880 nm的红外光具有几乎最高的响应。因此SE5470与SD5443是相互高度匹配的光发射与光接收的光电子器件。光探测电路如图6-10所示。

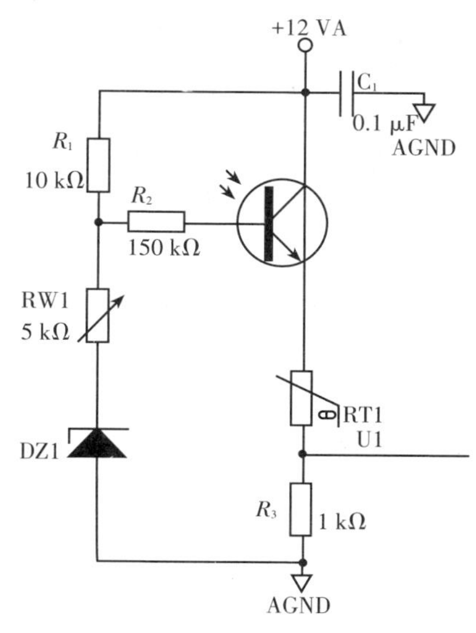

图6-10　光探测电路

（1）在基极与地之间串入了DZ1二极管。这是因为光电三极管内部基极与集电极之间有一个光电二极管，在电路上电工作后，光电三极管逐渐发热，位于光电三极管内部基极和集电极之间的光电二极管也逐渐发热，产生温度漂移，从而影响电路参数。因此，需在基极到地之间串入一个与SD5443内部光电二极管电性能完全一样的二极管，二者在性能上的匹配能够消除光电二极管发热引起的温度漂移。

（2）在电路的基极加入了R_2大电阻。发射极的输出电流$I_e=\beta(I_b+I_L)$，式中I_L为光电三极管产生的光电流，I_b为基极偏置电流，由公式$\Delta I_b=\dfrac{\Delta U}{R_2}$可知，在基极串接$R_2$大电阻，可减小电压波动引起的$I_b$变化，从而减小$I_e$的波动。

（3）输出电压$U_1=R_3\cdot I_e$。若R_3过小，会导致输出U_1偏小。R_3为此极电路的输出电阻，为后极电路的输入电阻。若R_3过大，则输出电阻过大，不利于带负载。因此选择合适的R_3阻值很重要。

6.4　传感器特性试验及数据分析

6.4.1　Y-I型光纤束强度调制特性函数

光纤束端面与反射面之间初始距离的选择关系到传感器的灵敏度。为使弹性平膜片中心在位移范围0~0.5 mm内灵敏度最高，对Y-I型光纤束的强度调制特性进行了全程测试，得到如图6-11所示的强度调制特性曲线。其中，x轴为光纤束端面与反射面之间的距离，y轴为比值V_R/V_{REF}扩大1000倍后的值。从图6-11（a）中可以看出，全程特性曲线分为前坡、峰值区及后坡三个区域。传感器的工作区间位于前坡区域，约为0~1.80 mm，图6-11（b）所示为前坡区域放大后的曲线图。从图6-11（b）中可以看出，前坡区域内，0.12~1.54 mm为线性区域。通过编程计算前坡区域内距离为0.5 mm时各个区间的斜率，可知光纤头与反射面之间的初始距离为1.04~1.50 mm时，斜率较大，传感器灵敏度较好；初始距离为1.18 mm时，传感器灵敏度最高。实际操作时，根据初始距离1.18 mm时传感器对应的比值V_R/V_{REF}，通过螺纹管道配合旋动光纤头调整初始距离对应的比值V_R/V_{REF}，当旋转到传感器输出此相对值时，将法兰盘底座内螺纹管道外侧的固定螺钉拧紧，达到固定初始距离的目的。

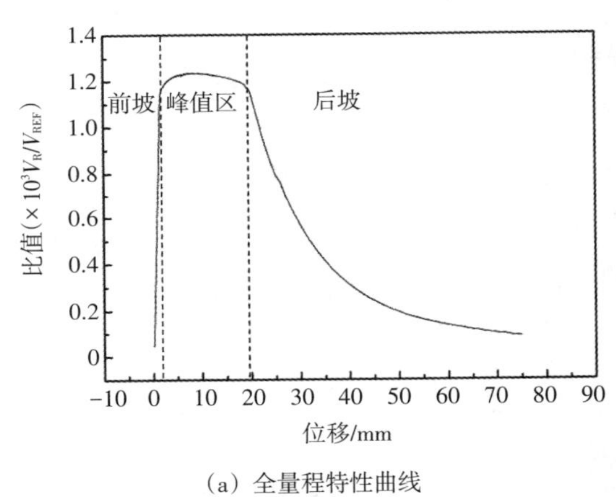

（a）全量程特性曲线

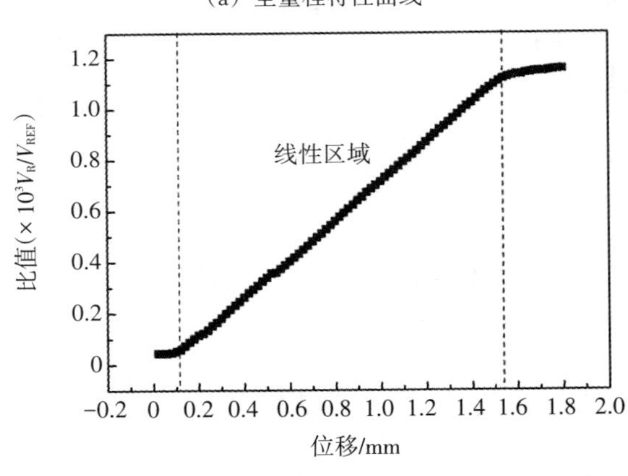

（b）前坡特性曲线

图6-11 Y-I型光纤束的强度调制特性曲线

另外，分析图6-11（b）可以看出，当光纤束端面与反射面之间的距离为

1.18 mm和0.68 mm时，其对应的比值 V_R/V_{REF} 分别为854.72和463.27。根据6.3节中计算出的理论压强值，传感器的理论灵敏度可通过下式计算：

$$1076.72/(854.72-463.27)=2.75\ (\text{kPa/mV})$$

因此传感器的理论灵敏度为2.75 kPa/mV。由于比值 V_R/V_{REF} 为无量纲，为理解方便给其定义一个单位，用mV表示。

6.4.2 传感器力学标定试验

在选定初始距离的基础上，为将采集到的比值 V_R/V_{REF} 转变为相应的压力值，使用万能压力试验机DNS200对传感器进行压力标定试验。在0~1.1 MPa范围内，每增加50 kPa对传感器施压一次，同时采用图6-3所示检测系统完成比值 V_R/V_{REF} 的采集。图6-12所示为比值 V_R/V_{REF}–压强对应关系曲线。

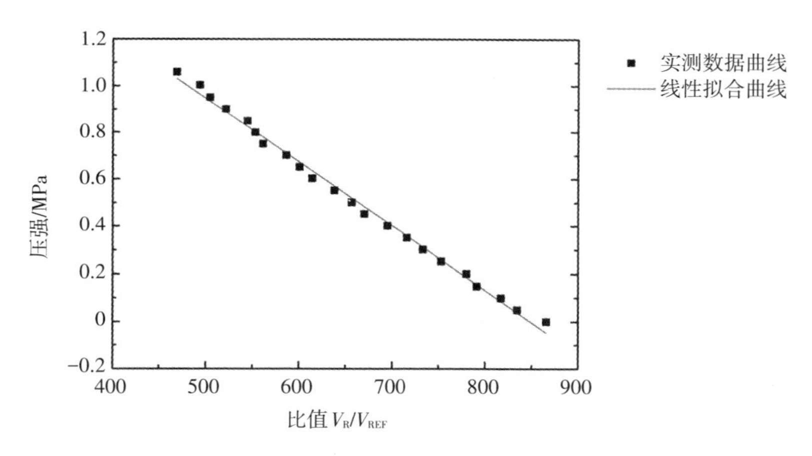

图6-12 比值 V_R/V_{REF}–压强关系曲线

从图中可以看出，比值 V_R/V_{REF} 与压强有很好的线性关系，通过线性拟合，可求得此压强范围内的比值 V_R/V_{REF}–压强关系表达式为

$$y=-2.71548x+2304.20222 \tag{6-13}$$

传感器的灵敏度可达到2.72 kPa/mV，与理论灵敏度2.75 kPa/mV基本一致。另外，比值 V_R/V_{REF} 与压强的线性相关系数大于0.997，验证了比值 V_R/V_{REF} 与压强之间较好的线性关系。

6.4.3 传感器温度补偿试验

环境温度变化是影响系统检测精确度的重要因素，在温度不变的理想情况

下，测量结果见公式（6–2）。但在实际应用环境中，弹性平膜片、光电二极管及光电三极管相关参数将随所处环境温度发生变化，从而引起比值 V_R/V_{REF} 的变化，给测量结果带来误差。因此在传感器工作温度范围内需进行温度补偿，以校正温度变化对系统造成的影响。一般情况下，温度补偿通过公式（6–14）完成。

$$R_V = k_2 \cdot x + f(t) \tag{6–14}$$

式中，$f(t)$ 为温度补偿函数。

采用GDJS系列高低温交变湿热试验箱对传感器空载时进行温度补偿试验。由于传感器多工作于低温环境中，设置试验箱温度变化范围为−35~25 ℃，温度每降低5 ℃利用传感器进行一次数据采集。为保证传感器达到设定的温度，每一温度点均保持1 h。图6–13所示为平膜片空载时比值变化量随温度变化的曲线图，拟合得到近似温度函数 $f(t)$。x 轴为温度值，y 轴为比值变化量（与25 ℃时的比值 V_R/V_{REF} 相减得到）。

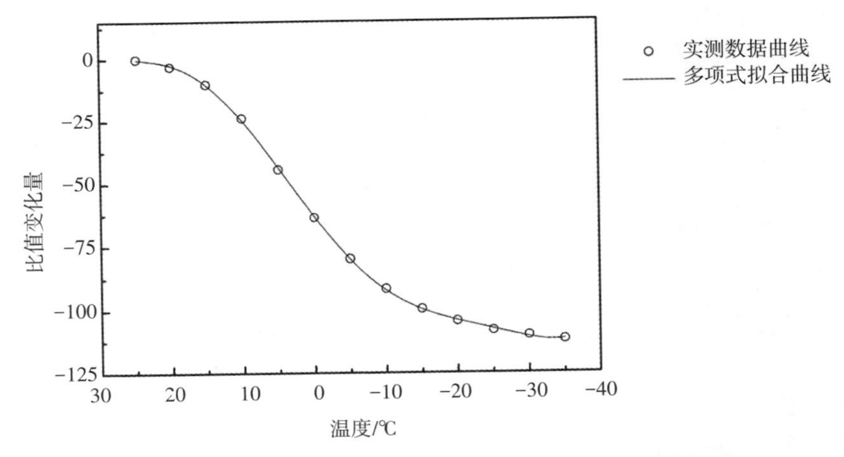

图6–13　传感器空载时比值变化量随温度变化曲线图

对图6–13中的数据进行多项式拟合可得比值变化量随温度变化的函数关系式，见式（6–15），式中 $f(t)$ 为受温度影响系统产生的测量误差，t 为传感器当前温度值。

$$f(t) = -63.18801 + b_1 t + b_2 t^2 + b_3 t^3 + b_4 t^4 + b_5 t^5 + b_6 t^6 \tag{6–15}$$

其中，$b_1 = 3.72354$，$b_2 = 0.05682$，$b_3 = -0.00374$，$b_4 = -1.04836 \times 10^{-4}$，$b_5 =$

1.94658×10^{-6}，$b_6 = 6.06874 \times 10^{-8}$。

为验证温度补偿效果，在-30~25 ℃对平膜片分别外施50，150，300，500，800，1000 N的压力进行验证。温度每降低5 ℃进行一次数据采集。对不同温度条件下加载不同压力后传感器采集到的比值V_R/V_{REF}实施温度补偿后（补偿到常温值）与常温下采集到的比值V_R/V_{REF}进行对比试验，得出差值百分比随温度变化的曲线，如图6-14所示。

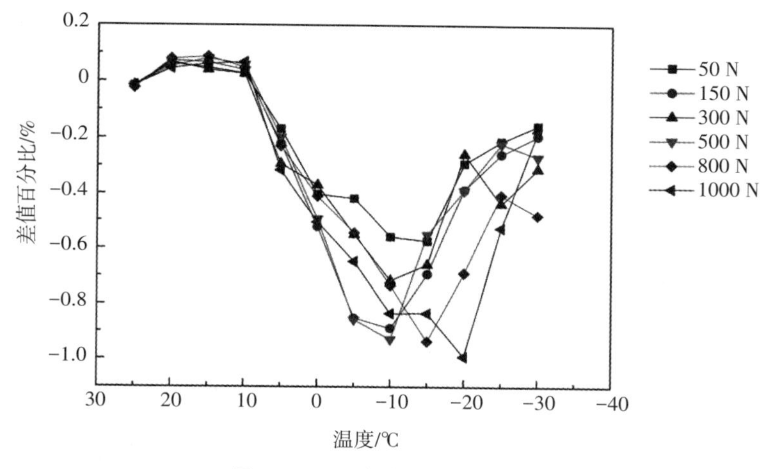

图6-14　温度补偿效果曲线图

从图6-14可以看出，差值百分比绝对值最大为1%，验证了温度补偿效果有效。

6.4.4　实验室冰生长消融过程中静冰压力数据分析

对传感器进行密封防水处理后，将传感器置于25 cm × 25 cm × 40 cm的长方体钢制容器中进行试验，容器壁厚设计为8 mm。其中，容器中水深为35 cm，传感器固定于水面以下约23 cm处，使其受力面垂直于水平面。然后将钢制容器放置于环境温度为-30 ℃的高低温试验箱内。采用图6-3所示检测系统对水结冰过程中冰产生的冻胀力及冰消融过程中冰产生的热膨胀力分别进行测量。将DS18B20温度传感器固定于传感器中心点的水平位置上，获得冰生长消融过程中检测区域的温度。通过压强-比值V_R/V_{REF}拟合公式及温度补偿函数计算处理后将采集的比值V_R/V_{REF}数据转换为静冰压力数值，结合温度传感器同步采集得到的温度数据，可生成图6-15所示静冰压力与温度的关系曲线。

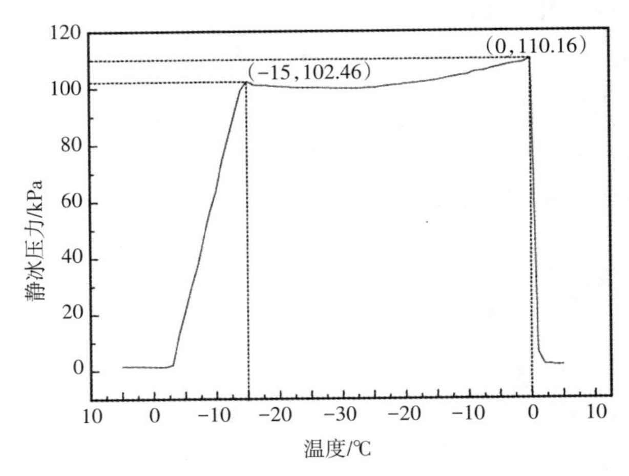

图6–15　冰生长消融过程中静冰压力随温度变化曲线图

从图6–15可以看出，冰生长过程中，当冰温从5 ℃降至−3 ℃时，冰开始生长，静冰压力在冰生长过程中随温度降低逐渐增大。当冰温降至−15 ℃时，静冰压力出现第一个极值102.46 kPa，这个极值是水由液态转变为固态的相变膨胀过程产生的冰冻胀力。相变过程发生后，在冰温继续降低至−30 ℃的过程中，静冰压力缓慢减小，冰层处于稳定变化状态。冰消融过程中，在冰温从−30 ℃回升至0 ℃的过程中，静冰压力缓慢增加，冰层随之缓慢融化。当冰温升至0 ℃时，静冰压力出现第二个极值点，此时静冰压力值为110.16 kPa，这个极值是冰的热膨胀效应引起的热膨胀力，理论上是整个实验全过程中静冰压力的最大值。冰温由0 ℃升至约2 ℃的过程中，静冰压力值逐渐减小，冰也随之逐渐融化，直到冰层内部温度接近2 ℃时，冰逐渐融化为水，此时静冰压力值接近0 kPa。图6–15证明了此静冰压力光纤传感器可以监测到冰生长和消融的全过程，实现了静冰压力的自动连续监测。

6.5　本章小结

本章基于反射式强度调制原理，设计研制了一种新型压力膜盒式光纤传感器，实现了静冰压力的测量。首先介绍了传感器的检测原理、结构设计及电路设计。在传感器设计过程中，采用一种带杆伞状圆盘结构将压力传递到弹性平膜片中心，消除了传统电阻应变式压力膜盒传感器进行压力测量时产生的边壁效应。其次，对改进的Y-I型光纤束的强度调制特性进行了测试；在此前提下利用万能压力试验机对传感器进行了压力标定试验；考虑到温度对系统测量结果可能产生的影响，在-35~25 ℃环境温度内对传感器进行了温度补偿试验，并得到了相应的温度补偿函数。最后，利用该传感器在实验室高低温交变湿热试验箱内进行了冰生长及消融全过程中静冰压力随温度变化测试试验。试验结果表明，静冰压力在冰生消过程中存在两个极值点：一为水由液态转变为固态的相变产生的冰冻胀力；二为冰的热膨胀效应引起的热膨胀力。

第7章　结　语

通过对河冰演变过程中冰层厚度、温度剖面、积雪深度及静冰压力等研究进展及发展趋势进行深入调研，作者完善了极低温环境下冰的导电特性理论，研制了适用于极寒区环境的新型冰水情自动监测系统，包括：高精度的棒式温度链及柔性温度链；基于红外光穿过空气和雪表现出的强度衰减差异理论的光电式积雪深度传感器；基于反射式强度调制特性的新型静冰压力膜盒式光纤传感器。将以上冰雪情自动监测技术分别应用于黄河河道、黑龙江江段及万家寨水库的冰情观测中，获得了丰富、有效的原始数据，并对这些数据进行了深入分析。研究成果如下：

（1）−55 ℃至室温极低温度范围内冰的导电特性试验研究结果表明，选用不同分压电阻将对冰的导电特性产生一定的影响。在此基础上设计并改进了R-T冰水情自动检测传感器并应用于黄河河道、黑龙江江段的重要水文站，获取了大量的数据，选取部分典型数据对不同时间同一观测点、同一时间不同观测点及同一时间同一观测点同一横断面不同安装位置的冰情数据进行了比较分析，得出河冰演变过程中冰层厚度及冰界面的变化规律，验证了设备的可靠性。此外，根据黑龙江漠河江段所获得的实测冰等效电阻数据，初步探讨了利用不同冰期冰内部等效电阻分布差异进行开河预测的可能性。

（2）设计研制了一种高分辨率的棒式温度链，将其应用于黄河河道三湖河口水文站、头道拐水文站、黑龙江漠河水位站及南极中山站冰情观测点，获取了大量的现场实测数据。通过对河道封冻前期、封冻中期及消融期的温度廓线进行对比分析，提出利用温度廓线判断冰层厚度的算法，并与人工观测冰层厚度进行了比较验证。考虑到棒式温度链的不足，设计研制了一种热传导系数小、重量轻、易于安装的柔性温度链。

（3）基于红外光穿过不同介质时的强度衰减特性差异进行积雪深度检测的基本原理，设计了以红外发射二极管和红外接收二极管作为单元检测电路的光电式积雪深度传感器，选定了红外对管间的最佳接收距离。将该传感器应用于黑龙江漠河江段的雪情监测中，获得了2014年1—4月积雪深度变化数据，与人工观测数据进行了对比，结果表明两种观测结果基本一致。

（4）为消除传统电阻应变式压力膜盒传感器进行压力测量时产生的边壁效应，基于反射式强度调制原理，研制了一种高灵敏度、高分辨率、性能稳定的静冰压力膜盒式光纤传感器。对改进的Y-I型光纤束的强度调制特性进行了测试，完成了压力标定及温度补偿试验，得出相应的函数并进行了曲线拟合。利用该传感器在实验室进行了静冰压力随温度变化测试试验。结果表明，静冰压力在冰生长消融过程中存在两个极值点：一为水由液态转变为固态时相变产生的冰冻胀力；二为冰的热膨胀效应引起的热膨胀力。

综上所述，河冰演变过程中关键物理参数原始数据的大量积累及分析研究可以为河冰演变过程数值模拟提供参考，从而在一定程度上改善数值模拟的计算精度。另外，本研究在实践中自行研制并优化的一系列冰情监测设备或仪器，希望可以为开展海冰和淡水冰的地球物理学、工程学和生态学的研究提供理论基础和技术支持。

参考文献

[1] 丁德文. 工程海冰学概论[M]. 北京:海洋出版社,1999.

[2] 岳前进. 我国冰工程问题研究现状与展望[J]. 冰川冻土,1995(S1):15-19.

[3] 贾青. 寒区平原水库护坡工程设计冰参数研究[D]. 大连:大连理工大学,2012.

[4] 孙肇初,隋觉义. 江河冰塞的研究及其意义[J]. 地球科学进展,1990(3):51-54.

[5] STOCKER T F, QIN D H, PLATTNER G K, et al. Summary for policymakers [M]//Climate Change 2013: The Physical Science Basis. Contribution of Working Group I to the Fifth Assessment Report of the Intergovernmental Panel on Climate Change. Cambridge: Cambridge University Press, 2013.

[6] FITZHARRIS B B, ALLISON I, BRAITHWAITE R J, et al. The cryosphere: changes and their impacts [M] // Climate Change 1995: Impacts, Adaptations and Mitigation of Climate Change: Scientific-technical Analyses. New York: Cambridge University Press, 1996: 241-265.

[7] ANISIMOV O, FITZHARRIS B, HAGEN J O, et al. Polar regions (arctic and antarctic) [M] // Climate Change 2001: Impacts, Adaptation and Vulnerability. Cambridge: Cambridge University Press, 2001: 801-841.

[8] ANISIMOV O A, VAUGHAN D G, CALLAGHAN T, et al. Polar regions (arctic and antarctic) [M] // Climate Change 2007: Impacts, Adaptation and Vulnerability. Cambridge: Cambridge University Press, 2007: 653-685.

[9] MAGNUSON J J, ROBERTSON D M, BENSON B J, et al. Historical trends in lake and river ice cover in the Northern Hemisphere [J]. Science, 2000, 289 (5485): 1743.

[10] SMITH L C. Trends in Russian Arctic river-ice formation and breakup, 1917

to 1994[J]. Physical geography,2000,21(1):46-56.

[11] DE RHAM L P,PROWSE T D,BONSAL B R. Temporal variations in river-ice break-up over the Mackenzie River Basin,Canada[J]. Journal of hydrology,2008,349(3/4):441-454.

[12] ROBINSON D A. Hemisphere snow cover and surface albedo for model validation[J]. Annals of glaciology,1997,25:241-245.

[13] 马喜祥,白世录,袁学安,等. 中国河流冰情[M]. 郑州:黄河水利出版社,2009.

[14] 沈洪道. 河冰研究[M]. 霍世青,李世明,饶素秋,译. 郑州:黄河水利出版社,2010.

[15] 江洁,傅元文,姚贵炳. 黄河河曲段冰塞研究获重大进展[J]. 人民黄河,1989(4):71.

[16] 隋觉义,方达宪,周亚飞. 黄河河曲段冰塞水位的分析计算[J]. 水文,1994(2):18-24,63.

[17] 孙晓明,韩梅,于奎. 论土坝护坡静冰压力的确定[J]. 水利科技与经济,2009,15(7):592-593.

[18] 孙江岷,侯春燕,王德民,等. 高寒地区平原水库护坡冬季运行破坏及预防措施[J]. 黑龙江水利科技,1997(3):25-27.

[19] 马苏里,张来文,范雨耕. 冰推力作用对泥河水库工程的影响[J]. 黑龙江水利科技,2007(2):111-112.

[20] ASHTON G D. River and lake ice thickening,thinning,and snow ice formation[J]. Cold regions science and technology,2011,68(1):3-19.

[21] ASHTON G D. River and lake ice engineering[M]. Littleton:Water Resources Publication,1986.

[22] SHEN H T,YAPA,P D. A unified degree-day method for river ice cover thickness simulation[J]. Canadian journal of civil engineering,1985,12(1):54-62.

[23] SHEN H T. Research on river ice processes:progress and missing links[J]. Journal of cold regions engineering,2003,17(4):135-142.

[24] SHEN H T. Mathematical modeling of river ice processes[J]. Cold regions science and technology,2010,62(1):3-13.

[25] SHEN H T,CHIANG L-A. Simulation of growth and decay of river ice cover

[J]. Journal of hydraulic engineering, 1984, 110(7): 958-971.

[26] SHEN H T, WANG D S, LAL A W. Numerical simulation of river ice processes [J]. Journal of cold regions engineering, 1995, 9(3): 107-118.

[27] DUGUAY C R, FLATO G M, JEFFRIES M O, et al. Ice-cover variability on shallow lakes at high latitudes: model simulations and observations[J]. Hydrological processes, 2003, 17(17): 3465-3483.

[28] 罗丽芬,陈国明,黄东升. 基于短期观测资料的冰厚极值统计[J]. 石油工业技术监督,2000(9):15-18.

[29] 杨瑞波,吴斌,孙汝霖. 天然河道最大冰厚推求方法探讨[J]. 黑龙江水利科技,2001(1):39-40.

[30] 赵子平,刘彩虹. 嫩江大赉江段河道最大冰厚推求方法探讨[J]. 东北水利水电,2008,26(12):19,39.

[31] 许亮斌,陈国明. 基于时间序列神经网络的极值冰厚预测研究[J]. 中国海洋平台,2002(4):7-10.

[32] 刘煜,吴辉碇,张占海,等. 基于质点-网格模式的海冰厚度变化过程数值模拟[J]. 海洋学报(中文版),2006(2):14-21.

[33] 李志军,孙万光,许士国,等. 短期水文气象资料估算哈尔滨至同江冰厚度[J]. 水科学进展,2009,20(3):428-433.

[34] 冯景山,白乙拉,李冰. 寒区水库冰盖厚度增长数值模拟研究[J]. 渤海大学学报(自然科学版),2011,32(1):5-9.

[35] 练继建,赵新. 静动水冰厚生长消融全过程的辐射冰冻度-日法预测研究[J]. 水利学报,2011,42(11):1261-1267.

[36] 陶山山,董胜. 渤海北部冰厚重现值的极大似然法区间估计[J]. 工程力学,2013,30(7):294-298.

[37] 冯子兰,蒋志高. 便携式数字显示超声冰厚测量仪[J]. 应用科技,1993(2):6-11.

[38] 林海,王海涵,宫鹏. 超声波在冰-水界面临界入射角的实验方法[J]. 工程与试验,2009,49(2):18-20.

[39] CHRISTENSEN N B. Optimized fast hankel transform filters[J]. Geophysical prospecting, 1990, 38(5): 545-568.

[40] HAAS C, LOBACH J, HENDRICKS S, et al. Helicopter-borne measurements

of sea ice thickness, using a small and lightweight, digital EM system[J]. Journal of applied geophysics, 2009, 67(3): 234-241.

[41] KOVACS A, HOLLADAY S, BERGERON J. The footprint/altitude ratio for helicopter electromagnetic sounding of sea-ice thickness: comparison of theoretical and field estimates[J]. Geophysics, 1995, 60(2): 374.

[42] PRINSENBERG S J, PETERSON I K, HOLLADAY J S. Measuring the thicknesses of the freshwater-layer plume and sea ice in the land-fast ice region of the Mackenzie Delta using Helicopter-borne sensors[J]. Journal of marine systems, 2008, 74(3/4): 783-793.

[43] WORBY A P, GRIFFIN P W, LYTLE V I, et al. On the use of electromagnetic induction sounding to determine winter and spring sea ice thickness in the Antarctic[J]. Cold regions science and technology, 1999, 29(1): 49-58.

[44] 郭井学,孙波,崔祥斌,等. 电磁感应技术在南极海冰厚度探测中的应用[J]. 吉林大学学报(地球科学版),2008(2):330-335.

[45] 郭井学,孙波,田钢,等. 南极普里兹湾海冰厚度的电磁感应探测方法研究[J]. 地球物理学报,2008(2):596-602.

[46] 杜碧兰,黄润恒,孙延维. 我国海冰遥感的进展[J]. 遥感信息,1991(3):7-10.

[47] 郑新江,赵长海,刘诚,等. 利用气象卫星资料提取海冰定量参数[J]. 中国海上油气(工程),1992,4(6):40-46.

[48] 郑新江,邱康睦,陆风. 定量计算渤海海冰参数的遥感方法[J]. 应用气象学报,1998(3):3-5.

[49] 陈贤章,王光宇,李文君,等. 青藏高原湖冰及其遥感监测[J]. 冰川冻土,1995(3):241-246.

[50] 罗亚威,张蕴斐,孙从容,等. "海洋1号"卫星在海冰监测和预报中的应用[J]. 海洋学报(中文版),2005(1):7-18.

[51] 王宁,纪永刚,张晰,等. 基于MODIS数据的渤海海冰遥感探测系统的设计[J]. 海洋预报,2011,28(1):33-38.

[52] 刘眉洁,戴永寿,张杰,等. 拉布拉多海一年平整冰厚度SAR反演算法[J]. 中国石油大学学报(自然科学版),2014,38(3):186-192.

[53] YAMANOUCHI T, SEKO K. Antarctica from NOAA satellites(clouds, ice and

snow)[M]. Tokyo: National Institute of Polar Research, 1992.

[54] DUGUAY C, LAFLEUR P. Determining depth and ice thickness of shallow sub-Arctic lakes using space-borne optical and SAR data[J]. International journal of remote sensing, 2003, 24(3): 475-489.

[55] JASEK M, WEBER F, HURLEY J. Ice thickness and roughness analysis on the Peace River using RADARSAT-1 SAR imagery[C]. Proc. 12th Workshop on River Ice, Canadian Geophysical Union-Hydrology Section, Comm. on River Ice Processes and the Environment, 2003: 18-20.

[56] UNTERSCHULTZ K D, SANDEN V D, HICKS F E. Potential of RADARSAT-1 for the monitoring of river ice: results of a case study on the Athabasca River at Fort McMurray, Canada[J]. Cold regions science and technology, 2009, 55(2): 238-248.

[57] FERNANDES P G, STEVENSON P, BRIERLEY A S, et al. Autonomous underwater vehicles: future platforms for fisheries acoustics[J]. ICES journal of marine science: journal du conseil, 2003, 60(3): 684-691.

[58] HUDSON R. Annual measurement of sea-ice thickness using an upward-looking sonar[J]. Nature, 1990, 344(6262): 135-137.

[59] STRASS V H. Measuring sea ice draft and coverage with moored upward looking sonars[J]. Deep sea research: Part 1, 1998, 45(4): 795-818.

[60] DRUCKER R, MARTIN S, MORITZ R. Observations of ice thickness and frazil ice in the St. Lawrence Island polynya from satellite imagery, upward looking sonar, and salinity/temperature moorings [J]. Journal of geophysics research, 2003, 108(C5): 3149.

[61] BROWN L C, DUGUAY C R. A comparison of simulated and measured lake ice thickness using a Shallow Water Ice Profiler[J]. Hydrological processes, 2011, 25(19): 2932-2941.

[62] BEHREDT A, DIERKING W, FAHRBACH E, et al. Sea ice drocft in the weddell Sea, measured by upworrd looing sonars[J]. Earth system science data, 2013, 5: 209-226.

[63] 郭井学. 基于电磁感应理论的极地海冰厚度探测研究[D]. 长春: 吉林大学, 2007.

[64] 赵宝刚. 渤海辽东湾冰区工程点雷达海冰监测和预报技术研究[D]. 大连：大连海事大学,2008.

[65] ARCONE S A. Dielectric constant and layer-thickness interpretation of helicopter-borne short-pulse radar waveforms reflected from wet and dry river-ice sheets[J]. IEEE transactions on geoscience and remote sensing,1991,29(5):768-777.

[66] 邓世坤,孙波. 冰面雷达探测揭示东南极 Amery 冰架内部结构基本特征[J]. 工程地球物理学报,2004(1):1-9.

[67] LI Z J,JIA Q,ZHANG B S,et al. Influences of gas bubble and ice density on ice thickness measurement by GPR[J]. Applied geophysics,2010,7(2):105-113.

[68] 张宝森,郜国明. 宁蒙河段冰凌监测技术试验研究[J]. 黑龙江水专学报,2009,36(4):90-95.

[69] HOLT B,KANAGARATNAM P,GOGINENI S P,et al. Sea ice thickness measurements by ultrawideband penetrating radar:first results[J]. Cold regions science and technology,2009,55(1):33-46.

[70] GALLEY R,TRACHTENBERG M,LANGLOIS A,et al. Observations of geophysical and dielectric properties and ground penetrating radar signatures for discrimination of snow,sea ice and freshwater ice thickness[J]. Cold regions science and technology,2009,57(1):29-38.

[71] PEROVICH D K,GRENFELL T C,RICHTER-MENGE J A,et al. Thin and thinner:sea ice mass balance measurements during SHEBA[J]. Journal of geophysical research:oceans,2003,108(C3):8050.

[72] 雷瑞波,李志军,秦建敏,等. 定点冰厚观测新技术研究[J]. 水科学进展,2009,20(2):287-292.

[73] LEI R,LI Z J,CHENG Y F,et al. A new apparatus for monitoring sea ice thickness based on the magnetostrictive-delay-line principle[J]. Journal of atmospheric and oceanic technology,2009,26(4):818-827.

[74] 雷瑞波,程言峰,李志军,等. 磁致位移传感器冰雪厚度测量仪原理及其应用[J]. 大连理工大学学报,2010,50(3):416-420.

[75] 马德胜,王珍宝,马涛. 不冻孔测桩式冰厚测试仪简介[J]. 水文,2001(2):

61-62.

［76］ 秦建敏. 基于空气、冰与水的电导率检测冰厚的理论与应用研究［D］. 西安：西安理工大学，2005.

［77］ 黄晓辉，秦建敏，王丽娟，等. 基于ZigBee技术的黄河河道冰情多点监测系统设计［J］. 数学的实践与认识，2013，43(2)：114-119.

［78］ 黄晓辉. 基于ZigBee技术的黄河河道冰情多点监测系统的设计与应用研究［D］. 太原：太原理工大学，2013.

［79］ DOU Y A，CHANG X B. In-situ automatic observations of ice thickness of seas［J］. Metrology and measurement systems，2012，19(3)：583-592.

［80］ 崔丽琴. 基于CAV444的电容式冰厚传感器及其检测系统的研究［D］. 太原：太原理工大学，2010.

［81］ 窦银科. 基于电容感应技术的定点冰层厚度检测方法机理与应用研究［D］. 太原：太原理工大学，2010.

［82］ 崔丽琴，秦建敏，韩光毅，等. 基于空气、冰与水相对介电常数差异的电容感应式冰厚传感器［J］. 传感技术学报，2013，26(1)：38-42.

［83］ LAUNIAINEN J，CHENG B. Modelling of ice thermodynamics in natural water bodies［J］. Cold regions science and technology，1998，27(3)：153-178.

［84］ 刘钦政，黄嘉佑，白珊，等. 全球冰-海洋耦合模式的海冰模拟［J］. 地学前缘，2000(S2)：219-230.

［85］ 李志军，张占海，董西路，等. 北极海冰生消过程关键指标的观测新技术［J］. 自然科学进展，2004(9)：118-121.

［86］ 王海涛，张少永，张文良. 极区海冰温度剖面测量技术研究［J］. 海洋技术，2009，28(3)：40-42.

［87］ FINDIKAKIS A N，LAW A W. Wind mixing in temperature simulations for lakes and reservoirs［J］. Journal of environmental engineering，1999，125(5)：420-428.

［88］ 闫慧荣，刘文涛，冯民权，等. 水库冰冻期冰内温度的模拟［J］. 武汉理工大学学报(信息与管理工程版)，2010，32(5)：738-741.

［89］ 张岩，李畅游，裴国霞，等. 乌梁素海湖泊冰生长过程的现场观测［J］. 人民黄河，2014，36(8)：18-20.

［90］ 马丽娟，秦大河. 1957—2009年中国台站观测的关键积雪参数时空变化特

征[J]. 冰川冻土,2012,34(1):1-11.

[91] 王宁练,姚檀栋. 20世纪全球变暖的冰冻圈证据[J]. 地球科学进展,2001(1):98-105.

[92] 郭增红,于成刚,戴长雷. 大兴安岭地区冰上积雪雪深和雪水当量参数时空变化规律[J]. 黑龙江大学工程学报,2013,4(3):23-28.

[93] BINDSCHADLER R, CHOI H, SHUMAN C, et al. Detecting and measuring new snow accumulation on ice sheets by satellite remote sensing[J]. Remote sensing of environment,2005,98(4):388-402.

[94] GRODY N C, BASIST A N. Global identification of snowcover using SSM/I measurements[J]. IEEE transactions on geoscience and remote sensing,1996, 34(1):237-249.

[95] LIU J F,CHEN R S. Studying the MODIS snow covered days by the use of MODIS aqua/terra snow cover products and in situ observations in northeastern Inner Mongolia Region[J]. Remote sensing technology and application,2007,26(4):450-456.

[96] LI Z,ZHANG W Y,SUN W X. Extracting the information of snow-cover from NOAA/AVHRR data and overlaying with vector data[J]. Remote sensing technology and application,1995,10(4):19-24.

[97] WANG J. Comparison and analysis on methods of snow cover mapping by using satellite remote sensing data[J]. Remote sensing technology and application,1999,14(4):29-36.

[98] 梁延伟,梁海河,王柏林. 超声波传感器雪深测量与人工观测对比试验分析[J]. 气象科技,2012,40(2):198-202.

[99] DONALD C,DEVINDER S. Ice thrust in reservoirs[J]. Journal of cold regions engineering,1998,12(4):169-183.

[100] 隋家鹏,隋家深,史兴凯. 关于水库冰盖板静冰压力的设计取值的探讨[J]. 黑龙江水利科技,1998(3):3-5.

[101] 刘晓洲,檀永刚,李洪升,等. 水库护坡静冰压力及断裂韧度测试研究[J]. 工程力学,2013,30(5):112-117,124.

[102] BARRETTE P D,JORDAAN I J. Pressure-temperature effects on the compressive behavior of laboratory-grown and iceberg ice[J]. Cold regions sci-

ence and technology,2003,36(1):25-36.

[103] 张丽敏,李志军,贾青,等. 人工淡水冰单轴压缩强度试验研究[J]. 水利学报,2009,40(11):1392-1396.

[104] JIA Z J,REN L,LI D S,et al. Design and application of the ice force sensor based on fiber Bragg grating[J]. Measurement,2011,44(10):2090-2095.

[105] MONFORE G. Ice pressure against dams:experimental investigations by the Bureau of Reclamation[J]. Transactions of the American society of civil engineers,1954,119(1):26-38.

[106] 徐伯孟. 水库冰层的膨胀压力及其计算[J]. 水利水电技术,1985(11):16-21.

[107] SANDERSON T J. Ice mechanics and risks to offshore structures[M]. London:Graham and Trotman,1988.

[108] 孙江岷,李元璞,李建军. 寒冷地区平原水库护坡防冰冻设计的若干问题[J]. 黑龙江水专学报,1996(2):55-60.

[109] SHKHINEK K,UVAROVA E. Dynamics of the ice sheet interaction with the sloping structure [C]// Proc. 16th International Conference on Port and Ocean Engineering Under Arctic Conditions, Aug. 12-17,2001 Ottawa,Ontario,Canada,2001:639-648.

[110] 黄焱,史庆增,宋安. 冰温度膨胀力的有限元分析[J]. 水利学报,2005(3):314-320.

[111] STANDER E. Ice stresses in reservoirs:effect of water level fluctuations[J]. Journal of cold regions engineering,2006,20(2):52-67.

[112] PAAVILAINEN J,TUHKURI J. Pressure distributions and force chains during simulated ice rubbling against sloped structures[J]. Cold regions science and technology,2013,85:157-174.

[113] LECONTE R,DALY S,GAUTHIER Y,et al. A controlled experiment to retrieve freshwater ice characteristics from an FM-CW radar system[J]. Cold regions science and technology,2009,55(2):212-220.

[114] BERNARD M. Ice mechanics[M]. Quebec:Les Presses de L'Universite Laval,1978.

[115] 秦建敏,程鹏,秦明琪. 冰层厚度传感器及其检测方法[J]. 水科学进展,

2008(3):418-421.

[116] CUI L Q,QIN J M,DENGX. Freshwater ice thickness apparatus based on differences in electrical resistance and temperature[J]. Cold regions science and technology,2015,119:37-46.

[117] 崔丽琴,秦建敏,张瑞锋. 基于空气、冰和水电阻特性差异进行河冰冰厚检测方法的研究[J]. 太原理工大学学报,2013,44(1):5-8,13.

[118] 陈希孺. 变点统计分析简介[J]. 数理统计与管理,1991(1):55-58.

[119] 陈宁,秦建敏,李国宏,等. “最小二乘法变点冰水情数据处理算法”的研究与应用[J]. 数学的实践与认识,2012,42(1):108-114.

[120] 蔡履中,王成彦,周玉芳. 光学[M]. 修订版. 济南:山东大学出版社,2002.

[121] 陆慧. 光学[M]. 上海:华东理工大学出版社,2014.

[122] 孙雨南,王茜蒨,伍剑. 光纤技术:理论基础与应用[M]. 北京:北京理工大学出版社,2006.

[123] 靳伟,阮双琛. 光纤传感技术新进展[M]. 北京:科学出版社,2005.

[124] 黎敏,廖延彪. 光纤传感器及其应用技术[M]. 武汉:武汉大学出版社,2008.

[125] 姚振华. 光纤布拉格光栅压力传感器的研究[D]. 哈尔滨:哈尔滨工业大学,2007.

[126] CUI L Q, LONG X, QIN J M. A bellow pressure fiber optic sensor for static ice pressure measurements[J]. Applied geophysics,2015,12(2):255-262.

[127] 龙欣. 应用于静冰压力检测的新型反射式强度调制型光纤传感器系统研制[D]. 太原:太原理工大学,2014.

[128] 徐芝纶. 弹性力学:下[M]. 北京:高等教育出版社,1982.

[129] 吴家龙. 弹性力学[M]. 上海:同济大学出版社,1987.

[130] 杨华勇. 反射式强度型光纤传感器强度调制特性的数学模型与关键技术的研究[D]. 长沙:国防科技大学,2002.